어느 뇌과학자가
바라본 인간의 본질

인간을 만든 뇌

도키자네 도시히코 지음
허명구 옮김

서커스

NINGEN DE ARUKOTO

by Toshihiko Tokizane

© 1970, 2014 by Yoshikazu Shinoda

First published 1970 by Iwanami Shoten, Publishers, Tokyo.

This Korean edition published 2019 by Circus Publishing Co., Seoul

by arrangement with Iwanami Shoten, Publishers, Tokyo.

인간을 만든 뇌

차례

I

II

◀▲ 안드레아스 베살리우스, 『에피톰epitome』 삽화

I

미켈란젤로, 「아담의 창조」

1. 인간이란 무엇인가

그 옛날, 그리스 테베의 교외에 위치한 피키온 산 정상에 얼굴은 처녀, 몸통은 사자, 그리고 등에는 날개를 가진 괴수 스핑크스가 떡하니 앉아 있다가 산 아래를 지나가는 나그네가 있으면 멈춰 세우고 질문을 던졌다.

아침에는 네 다리로, 낮에는 두 다리로, 그리고
저녁에는 세 다리로 걷는 동물은 무엇이냐

그러고는 사람들이 대답을 못하자 닥치는 대로 물어 죽였다.
그때 용사 오이디푸스가 나타나 대답했다.

그것은 인간이다. 아기는 손발을 써서 기고, 성장하면 두 다리로

걷고, 노인이 되면 지팡이를 짚고 걷는다

그러자 괴수 스핑크스는 산에서 뛰어내려 스스로 목숨을 끊었다.

그리스신화에 나오는 '스핑크스의 수수께끼'라는 이야기다. 확실히 이 수수께끼는 우리 인간이 일생을 살면서 경험하게 되는 외적인 변화를 훌륭히 그려냈다고 할 수 있다. 그러나 그것은 인간의 겉모습일 뿐, 인간의 본질을 보여주는 것은 아니다.

1920년 10월에 인도의 콜카타 서남쪽 110km에 위치한 고타무리라는 마을에서 발견된 늑대 소녀는 인간이 어째서 인간인가를 생각하게 해주는 좋은 예이다.

싱그Joseph Amrito Lal Singh 목사 부부가 이 마을에 전도하러 갔을 때, 마을 사람으로부터 늑대가 사는 동굴에 인간의 모습을 한 괴수가 살고 있다는 소문을 들었다. 그래서 마을 사람의 도움을 받아 찾아가보니, 분명 두 명의 여자아이였다. 싱그 목사 부부는 이 두 아이를 데려와서 자신들이 경영하는 고아원에서 키웠다. 그때 아이들의 나이는 확실치는 않지만 두 살과 여덟 살 정도였다고 한다. '아말라'라고 이름 붙인 두 살짜리 아이는 곧 죽었고, '카말라'라고 이름 붙인 여덟 살짜리 아이는 9년간 고아원에서 생활하다 17세 때에 안타깝게도 요독증으로 죽었다.

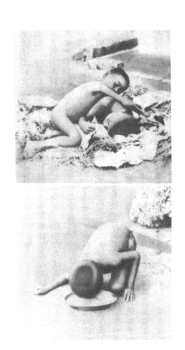

그림 1. 늑대 소녀
(A. 게젤, 『늑대에게 키워진 아이』)

싱그 목사가 상세히 기록한 육아일지에 의하면 아이들의 얼굴 모양은 인간이지만 행동 하나하나는 모두 늑대였다. 그래서 세상에는 '늑대 소녀'로 알려지게 되었다.

처음 데려왔을 때 늑대 소녀는 낮 동안에는 어두운 방구석에서 잠을 자거나 꾸벅꾸벅 졸거나 얼굴을 벽으로 향한 채 거의 몸을 움직이지 않고 있다가, 밤이 되면 주위를 서성이며 돌아다니고 늑대처럼 세 번 길게 울기까지 했다. 음식을 먹을 때에도 손을 쓰지 않고 할짝할짝 핥아서 먹었다. 두 다리로 서서 걷거나 달리거나 하지 못하고 늑대처럼 양손과 양 무릎으로 기거나 양손과 양발을 써서 달리거나 했다. 말은 한마디도 하지 않았고 알아듣지도 못했다. 목사 부부나 다른 아이들과는 일체 어울리려고 하지 않았고 다른 아이가 곁에 다가오면 이를 드러내고 경계하는 소리를 냈다.

목사 부부는 이 늑대 소녀를 어떻게든 인간의 아이로 만들기 위해 열심히 노력했다. 이 늑대 소녀는 3년쯤 지나서 다른 사람의 도움 없이 양발로 서서 걷게 됐다. 그러나 급할 때는 여전히 네발로 달렸고 이 습성은 죽을 때까지 없어지지 않았다고 한다. 3년쯤 지나 손을 사용해서 먹게 되었고 4, 5년 지난 뒤에는 기쁘거나 슬픈 마음을 표현하게 됐다. 싱그 부인이 말을 가르쳤지만 죽을 때까지 45개의 단어밖에 사용하지 못했다고 한다. 그리고 지능은 세 살 반 아이 정도에 머물렀다고 한다.[*]

이와 같이 동물에게 키워진 인간의 아이를 야생아라고 하

---

[*] 이 이야기에 나온 늑대 소녀를 실제로 봤다는 사람이 이 이야기를 세상에 알린 싱그 목사밖에 없었기 때문에 그 진위를 놓고 여러 차례 논쟁이 있었다. 어떤 이는 늑대 소녀는 실제로는 자폐아라고 했고, 또 어떤 이는 이 이야기가 픽션이라고 주장하는 책을 내기도 했다. – 역자 주(이하 모든 주는 역자 주)

는데, 얼굴 모양은 인간이라도 마음은 완전히 동물이다. 우리가 서로를 인간으로서 인정하고 인간으로서 대하는 것은 피차 인간의 정신을 갖고 있기 때문이다. 그럼, 그 '인간'이란 무엇인가.

사람이 성과 이름이라는 이중의 이름을 갖고 있는 것처럼, 스웨덴의 박물학자 린네C. von Linné는 지구상의 모든 동식물을 2명명법命名法에 의해 학명을 붙여서 체계적으로 분류했다. 그는 1735년에 이 분류 체계를 『자연 체계Systema Naturae』라는 책에 정리하여 발표했다. 린네는 2명명법에 의한 학명에 덧붙여서 그 학명을 갖는 동식물의 특징을 곁들여 써놓았는데, 호모 사피엔스Homo sapiens(지혜 있는 사람)란 학명을 받은 우리 인간에게 덧붙여진 주석은 얄궂게도 고대 그리스의 7현인 중 한 사람인 솔론이 말했다는 격언 "gnothi se auton(너 자신을 알라)"이다.

너 자신을 알라―우리의 선인은 이 가르침을 결코 소홀히 하지 않았다. 낮에 등불을 손에 들고 아무리 찾아도 인간 같은 인간이 없다며 돌아다녔던 디오게네스 같은 사람도 없지 않았고, 여하튼 진지하게 "인간이란 무엇인가"라고 물어왔던 것이다.

예를 들어 프랑스의 외과의이자 생물학자이면서 1912년 노벨생리의학상을 수상한 알렉시스 카렐Alexis Carrel은 인간이라는 동물이 얼마나 오묘한 존재인가를 그린 『인간, 미지의 세계L'Homme, cet inconnu』라는 책을 펴냈다. 반면에 바로 그다음 해에 노벨생리의학상을 수상한 프랑스의 생리학자 샤를 리셰Charles Richet는 인간이 범하는 수많은 우행을 어이없어하며 『어리석은 인간L'homme stupide』이라는 에세이를 썼고, 프랑스의 철학자 가브리엘 마르셀 또한 인간을 보고 장탄식을 하며 『인간─그 자신에게 등을 돌리는 자』란 책을 펴냈다.

혹은 좀 더 구체적으로 인간의 본질이 무엇인가를 단적으로 표현한 말을 들자면, 아리스토텔레스의 '사회적 동물Animal social', 소크라테스의 '이성을 가진 동물Animal rational', 파스칼의 '생각하는 갈대Roseau pensant', 에른스트 카시러의 '상징을 사용하는 동물Animal symbolicum' '도구를 만드는 동물Animal instrumenticum' '공작하는 사람Homo faber', 특이한 것으로는 네덜란드의 문명사가 요한 하위징아의 '놀이하는 인간Homo ludens' 등을 들 수도 있다.

인간의 본질이란 것이 이 밖에도 여러 가지로 정의되고 특징지어지고 있는데, 어느 것이나 장님 코끼리 더듬기 같아서, 인간 본질의 전모를 보여준다고는 할 수 없다. 인간의 본질은 주관적 입장에 의해서 정해지는 것이 아니라 모든 인간에게 공통된, 그리고 우리를 동물이나 전자계산기와 구별되게 하는 인간만이 가진 객관적 모습에 의해 정해질 터이다.

그럼, 그러한 인간의 모습은 어디에서 찾을 수 있을까. 대답은 간단하다. 우리 인간에게 인간의 정신을 부여하고 우리를 인간으로서 행동하게 하는 뇌의 구조에서 찾으면 된다. 물론 한 사람 한 사람마다 성격이 다르고, 아기와 어른의 지능이 크게 다르며, 미개인과 문명인이 머리를 사용하는 방식에는 또한 큰 차이가 있다. 그러나 그 모든 우리 인간의 뇌가 작동되는 원칙은 같다. 그렇다면 인간 뇌의 작동 원칙은 동물의 뇌의 작동 원칙과 어디가 다르고 인공두뇌라 불리는 전자계산기의 원리와는 어디가 다른가 하는 것을 규명하면 우리 인간의 뇌가 가지고 있는 특징이 분명해지고 거기서 우리 인간의 본질이 드러나게 될 것이다.

이미 오래전, 의학의 선조 히포크라테스는 그 점을 예리하게 간파한 바 있다.

사람은 뇌에 의해서만 기쁨과 즐거움과 웃음과 농담, 그리고 탄식과 고통과 슬픔과 눈물이 나온다는 것을 안다.

특히 우리는 뇌가 있기에 사고하고 보고 듣고 아름다움과 추함을 알고 선과 악을 판단하고 쾌快, 불쾌不快를 느낀다.

2. 인간은 어떻게 등장했는가

하느님께서 말씀하셨다. 우리와 비슷하게 우리 모습으로 사람을 만들자. 그래서 그가 바다의 물고기와 하늘의 새와 집짐승과 들짐승과 땅을 기어 다니는 온갖 것을 다스리게 하자. 하느님께서는 이렇게 당신의 모습으로 사람을 창조하셨다. 하느님의 모습으로 사람을 창조하시되 남자와 여자로 그들을 창조하셨다.

구약성서 창세기(제1장 26~27절)의 이 구절은 당시 사람들에게 인간의 조상에 대해서 이리저리 잡된 고찰을 하는 것을 일체 허락하지 않는 힘을 발휘했다.

그 힘에 균열을 일으킨 사람이 찰스 다윈이었다. 다윈은 영국 해군의 측량선 비글호에 박물학자로서 승선하여 남아메리카, 오스트레일리아, 남태평양의 섬들을 5년간 돌아본 후 각지에서 관찰한 동식물을 기초로 하여 『종의 기원』(1859)을 썼다. 다윈은 그러면서도 인간의 기원에 대해서는 전혀 언급하지 않았다고 해도 좋을 정도로 조심했는데, 그럼에도 그의 책은 당시의 유럽에 엄청난 반향을 불러일으켰다.

그 후 출판된 토머스 헉슬리의 『자연에서 인간의 위치』(1863)와 다윈의 『인간의 유래』(1871)는 일반인은 물론, 과학자들에게조차 엄청난 파장을 불러일으켰는데, 그 많은 부분은 오해에서 비롯됐다. 즉, 사람들은 진화론을 피상적으로 해석하여 우리 인간은 현존하는 유인원의 직계 자손이며 침팬지나 고릴라는 인간의 직계 조상이라고 받아들였던 것이다.

그런데 아이러니하게도 이러한 오해는 유인원과 그 직계 자손인 인간의 사이에 위치하는 인간 조상의 화석, 즉 잃어버린 고리missing link를 발견하는 일에 인류학자를 내몰았다. 그리고 화석인류의 제1호가 1856년 독일의 뒤셀도르프 부근의 네안데르 계곡 동굴에서 발굴되었고(네안데르탈인*), 제2호가 1890년에 자바에서(자바 원인), 뒤이어 베이징 원인, 오스트랄로피테쿠스……의 순서로, 미싱 링크를 잇는 화석인류가 계속 발굴되어 드디어, 아직 의견이 일치하지 않는 점도 있지만, 우

---

* 네안데르탈Neanderthal에서 '탈thal'은 동굴이라는 뜻.

리 인간 조상의 계보가 만들어지게 되었다.

여기서 나는 인간의 조상이라고 했는데, 그것은 인간의 본질이 무엇인가에 대한 이해를 전제하지 않는 한 무의미한 이야기가 될 것이다. 이미 서술했듯이 인간의 본질은 외적인 형태가 아니라 인간의 행동을 조종하는 정신의 측면에서 찾아야 한다. 그러나 지금까지의 화석인류학자는 두 다리로 직립하고 손을 사용하며 도구를 만들어 생활하는 인간의 모습을 뇌리에 그리고, 그것에 근거하여 인간 조상의 계보를 만들어가려고 했다. 그렇기 때문에 그러한 노력에는 파고들자면 여러 가지 문제가 제기될 수 있을 것이다. 하지만 방금 태어난 아기가 엄밀히 말하면 인간이 아닐 텐데도, 우리가 아기를 인간이라 부르고 인간으로서 취급하는 것과 같은 의미에서, 그들의 이야기를 따라가보기로 하자.

우리가 사는 지구가 생성된 것은 40~50억 년 전이며, 지구상에 생명이 탄생한 것은 20억 년 이전이라고 알려져 있다. 그런 긴 기간에 비하면 우리 인간의 가장 오랜 조상이 출현한 것은 지구의 역사에서는 한순간 전이라고 해도 좋을 정도로 최근의 일이다.

1958년 리키L. S. B Leakey가 이탈리아에서 발굴한 오레오피테쿠스가 현재까지 발굴된 가장 오랜 화석인류라고 한다. 약 1000만 년 전에 생존했고 신장은 110~120cm, 체중은 40kg

오레오피테쿠스 오스트랄로피테쿠스 호모 에렉투스   네안데르탈인   현생인류
                              (자바 원인)

그림 2. 화석인류와 현생인류
(라이프 대자연 시리즈 『원시인』, 타임라이프사, 1945)

으로, 두 다리로 직립하여 행동했던 것으로 추정된다(그림 2). 하지만 오레오피테쿠스가 인간의 조상인가에 대해서는 아직까지도 많은 의문이 제기되고 있는 상태다. 그런 점에서 화석인류 중 가장 오래된 것으로 인정받고 있는 것은, 1924년에 다트R. A. Dart가 남아프리카에서 발굴한 오스트랄로피테쿠스猿人다. 이들은 전기 구석기시대인 80~100만 년 전에 생존한 것으로 추정된다. 신장은 120cm로 돌이나 영양의 뼈로 만든 도구를 사용하였으며 동물이나 식물을 먹었다고 한다. 아직 언어를 구사하지는 못했지만 주거는 있었던 것으로 추정된다.

1964년, 앞서 말한 리키가 180~200만 년 전에 생존한, 오스트랄로피테쿠스보다도 연대는 오래됐지만 형태상으로는 더 진화된 모습을 하고 있는 화석인류를 동아프리카에서 발굴했다. 호모 하빌리스다. 호모 하빌리스는 진화의 계열이 오스트랄로피테쿠스와는 다를 것으로 추정되고 있다.

이들의 뒤를 이어 출현한 것은 호모 에렉투스라고 불리는 약 50만 년 전에 생존했던 화석인류이다. 1890년에 뒤부아 E. Dubois가 자바에서 발굴한 자바 원인(피테칸트로푸스 에렉투스), 그리고 1927년에 블랙W. D. Black이 베이징 교외의 저우커우뎬周口店에서 발굴한 베이징 원인(시난트로푸스 페키넨시스)이 이들이다. 전자의 신장은 170cm, 후자의 신장은 155cm로, 손이 물건을 쥘 수 있도록 잘 발달해 있다. 도구를 만들고 불을 사용한 것으로 추정된다. 언어를 사용하여 사회생활을 한 흔적도 남아 있다.

이들 다음으로 등장한 것이, 중기 구석기시대에 해당되는 수만 년에서부터 십수만 년 전에 생존했던 네안데르탈인舊人이다. 앞서 서술했듯이 이들은 최초로 발굴된 화석인류로 신장은 155cm 정도로 추정된다. 창을 만들어 사냥을 하는 등 여러 가지 도구를 만들어 썼고, 불을 사용하여 생활했다. 동굴에서도 살았지만 집을 지어 산 흔적도 있다. 언어를 사용했고 사회적 생활을 영위했으며 죽은 사람을 위해 무덤도 만들었던 것으로 추정된다. 네안데르탈인의 동료로, 지극히 완전한 모습으로 발굴된 것이 아무드인이다. 1961년에 이스라엘의 아무드동굴에서 찾아낸 것으로 머리는 네안데르탈인이지만 얼굴은 호모 사피엔스(현생인류)라서 이행형移行型이 아닐까 추정된다. 약 4만 년 전에 생존했으며 꽤 진화된 문화를 갖고 있었던 것으로 보인다.

지금의 인간, 즉 호모 사피엔스의 직계 조상은 1868년에 남프랑스에서 발견되었으며 2~3만 년 전에 생존한 크로마뇽이라고 불리는 화석인류다.

인간의 조상이 오레오피테쿠스로부터 호모 사피엔스까지 진화해오는 과정에서 신장이 커지고 체중이 무거워진 것도 사실이지만, 생활양식이 계속 향상한 만큼 당연히 그것을 지탱하기 위해 뇌에서도 진화가 이루어졌을 것이다. 그러나 화석인골에서는 뇌의 크기와 형태 말고는 진화의 상황을 추측할 길이 없다.「표 1」에 두개골의 용적을 표시해두었으니 확인해보기 바란다. 참고로 말하면 고릴라는 두개골의 용적이 500cm³, 오랑우탄은 400cm³, 침팬지는 400cm³이다.

이 표로 알 수 있듯이 뇌의 크기는 네안데르탈인 쪽이 호모 사피엔스보다 크지만, 오랜 화석인류의 뇌와 현대인의 뇌의 특징적인 차이는 뇌의 용적이 아니라 뇌의 형태에서 찾아야 할 것이다. 즉「그림 3」에 보이듯이 아무드인은 현대인보다도 큰 두개골을 가지고 있지만 아무드인의 뇌에서는 머리의 앞부분

화석인류	두개 용적(cm³)
오레오피테쿠스	276~529
오스트랄로피테쿠스	435~600
호모 하빌리스	643~724
자바 원인	775~900
네안데르탈인	1,300~1,600
아무드인	1,800
크로마뇽	1,435
호모 사피엔스	1,400~1,500

표 1

에 해당하는 부분(전두 연합 영역이라고 하는 영역)의 발달이 나쁘다. 그리고 원인原人, 원인猿人으로 갈수록 즉 더 앞 세대로 갈수록 그 부분의 발달은 더욱 빈약하다.

두개골의 내면을 보면 평활한 부분과 요철이 있는 부분이 있다. 독일의 신경병리학자 스파츠H. Spatz에 의하면 두개골의 평활한 부분에 접해 있는 뇌의 표면(대뇌피질)은 발달이 완료된 상태이고 요철이 있는 부분에 접해 있는 대뇌피질은 아직 미발달이라서, 앞으로도 계속 발달할 부분이라고 한다. 현대인의 두개골 내면에는 전두부와 측두부에 요철이 있는 것으로 보아 이 부위에 상당하는 대뇌피질(전두 연합 영역과 측두엽)이 앞으로 계속 발달할 것임을 알 수 있다. 이것에 비해 자바 원인의 두개골에서는 원숭이와 마찬가지로 두정부에 요철

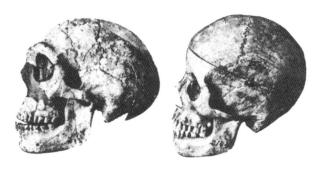

그림 3. 아무드인(좌)과 현대인(우)

이 있다. 이것은 이 부위에 상당하는 대뇌피질이 아직 발달 도 중이라는 의미이며, 전두 연합 영역이나 측두엽의 발달은 아직 멀었다는 것을 의미한다.

오레오피테쿠스로부터 현대인까지의 인간의 진화 과정은 뇌의 크기나 형태의 변화 등, 뇌의 발달이라는 입장에서 조망 해보면, 전두 연합 영역*과 측두엽의 분화 발달이라는 것으로,

---

* 전두 연합 영역은 원문에는 前頭聯合野라고 되어 있다. 일본어에서 野는 영어로 area 혹은 region이라고 표현하며 우리말에서는 보통 '영역'이라 고 표시한다. 그래서 이를 전두 연합 영역으로 번역해둔다. 그리고 일반 적으로는 전두 연합 영역이라는 표현보다는 전전두 연합 영역이라는 말 을 더 많이 사용하며, 영어로도 frontal association area라는 표현보다 는 prefrontal association area라는 말을 더 많이 사용한다. 이것은 전 두엽frontal lobe의 연합영역association area이 전두엽 중에서도 앞부분, 즉 pre-frontal lobe에 위치하고 있기 때문이다. 독자들이 이 책이나 다른 책 을 읽을 때 혼란이 없도록 미리 밝혀둔다.

일단 이해할 수 있을 것 같다. 여기까지 알게 되었으니, 프랑스의 고명한 고생물학자, 지질학자인 피에르 테이야르 드 샤르댕이 "인류 기원의 문제는 매우 매력적인 문제이기는 하지만 그 문제를 아무리 세부까지 파고들어도 인간의 문제가 해결되는 것은 아니다"고 한 말에 대해 선뜻 찬성할 수는 없다는 생각이다.

3. 인간의 신경계는 무엇이 다른가

La vie est l'ensemble des forces qui résistent à la mort.

생명이란 죽음에 저항하는 온갖 힘의 결집이다.

이것은 인간이 생각하고 활동할 수 있는 것은 뇌·척수를 중추로 한 신경계 덕택이라고 주장하여 19세기의 사상계에 새로운 바람을 불어넣은 프랑스의 고명한 생리학자 비샤Maria Francois Xavier Bichat가 한 말이다. 우리의 정신 활동은 뇌실에 머무는 영기(靈氣, 정신의 기)의 움직임이라고 주창한 의성醫聖 갈레노스Galenus의 사상을 근본적으로 부정하고, 생명이라는 것을 어떻게 정의해야 하는지 고심한 흔적이 엿보이는 말이다.

이렇게 다람쥐 쳇바퀴 돌 듯 공전하기 쉬운 생명의 정의에 대한 탐색은 그만두고, 우리가 체험적으로 파악하고 있는 생명에 대한 공통의 이해 위에 서서 우리의 생명을 지탱해주는 구조가 무엇인지를 분석해보기로 하자.

우리 인간의 신체는 형태와 성질이 다른 세포와 조직과 기관이 모여 하나의 종합된 체형으로 조직되어 있으며, 자신이 놓여 있는 자연환경과 분리된, 세포막으로 싸인 폐쇄된 계系, 즉 개체를 형성하고 있다. 그러나 기능적으로 보면, 세포막을 통하여 외부 환경과 물질이나 에너지를 주고받음으로써 신체 내부의 상태(내부 환경)를 가능한 한 항상恒常적으로 유지하도록 만들어져 있는, 외부에 열린 계系이다. 또한 이와 같이 내부 환경이 항상적으로 유지되고 있는 것을 생체 항상성homeostasis이라고 한다.

인간은 집단생활을 하며 성장하고 나이를 먹는 과정에서 신체의 변화를 겪으면서도 개체를 유지한다. 또, 유전정보를 담당하는 디옥시리보핵산DNA이나 리보핵산RNA 등을 매개로 하여 종족의 보존을 꾀한다. 이것이 우리 인간이 '살아 있다'고 하는 모습이다.

그런데 개체를 유지하는 데서 식물은 무한히 존재하는 무기물을 사용하는 데 비해, 동물을 비롯한 우리 인간은 부족한 유기물에 의존하고 있다. 그래서 여러 가지로 생각을 짜내면서 '적극적으로' 활동하여 '좋은' 유기물을 '능숙하게' 손에 넣어야 한다. 또 종족을 보존해가기 위해서도, 식물이나 하등한 동물처럼 수많은 손실을 전제로 한 소극적인 번식 방법을 사용하기보다는, 한 방으로 승부를 낸다는 마음가짐으로 '능숙한' 수법을 사용하여 좋은 이성을 적극적으로 찾아다닌다. 그리고 또 집단생활을 영위하기 위해서도 '능숙하게' 행동하여 함께 하면 유리할 상대를 '적극적으로' 찾는다.

여기에 인간이 집단 속에서 엄혹한 생존경쟁을 하면서 집단의 진보와 개인의 향상을 도모하며 '살아가는' 모습이 보이는 것이다. 그리고 우리 인간이 이처럼 생을 영위하는 과정에서 원동력이 되는 것이 바로 비샤가 지적한 신경계이며, 신경계에서도 중심적 역할을 하고 있는 것이 뇌腦이다.

외부 환경을 적극적으로 이용하거나 이성이나 상대를 적극적으로 찾아내기 위해서는 환경의 상황이나 이성이나 상대의 동태를 신속하고 정확하게 파악하여 재빠르고 적절하게 대응할 수 있어야 한다.

환경의 상황이나 이성이나 상대의 동태를 알기 위해서는 상황이나 동태의 변화를 감각적 자극으로서 받아들여야 하고, 그렇게 해서 파악한 상황이나 동태에 대해 적절히 대처하기 위해서는 근육운동을 하거나 분비선에서 필요한 물질을 분비하는 등의 방식으로 반응해야 한다. 이때 자극을 받아들이는 작용을 담당하는 부분을 수용기(receptor, 감각기관)라고 하며, 반응 효과를 일으키는 근육이나 분비선을 효과기effector라고 한다.

적절한 반응 효과를 기대할 수 있기 위해서는 수용기와 효과기 사이에서 그 둘을 연결해주는 얼개가 있어야 한다. 이 역할을 담당하는 것이 바로 신경계이다. 수용기와 효과기를 연결하는 기능을 하는 신경계는, 수용기와 효과기를 연결하는 방법의 차이에 따라 다음 세 가지로(N_1형, N_2형, N_3형) 구별할 수 있다(그림 4).

N_1형의 신경계는 수용기에서 받은 신호를 정해져 있는 메커니즘으로 운동이나 분비 지령의 신호로 변환하여 효과기(E)에 전달하는 전도기[伝導器, conductor(Co)]로서의 역할을 한다. 이러한 신경계 아래에서는 주어진 자극에 대해 이미 정해져 있는 방식(스테레오타이프)으로 반응을 하게 되는데, 골격근에서 볼 수 있는 반사운동이나 내장기관에서 볼 수 있는 조절 작용이나, 좀 더 복잡한 행동인 본능 행동이나 정동情動 행동*에서 그러한 반응 효과를 볼 수 있다. 그리고 효과기 안에 있는 감각기관이나 그 밖의 감각기관으로부터 피드백되는 정보를 사용하여 전도기의 작용 방식을 상황에 맞게 조정한다.

---

* 정동 행동이란 쾌, 불쾌, 두려움, 분노 등의 감정emotion이 드러나는 신체 활동, 예를 들어 혈압이 오르고, 심장이 급히 뛰고, 사지가 떨리며, 숨이 거칠어지고, 동공이 커지며, 안면 표정이 달라지는 등의 반응을 말한다.

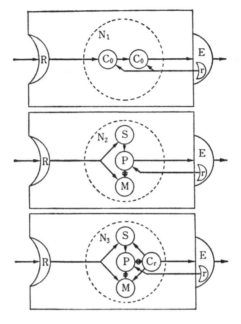

그림 4. 신경계의 모형도

N_2형의 신경계는 수용기에서 받은 신호를 감각(S)하고 기억(M)하고 그 기명記銘*된 감각을 발판으로 하여 감각 정보를 처리하고 그 결과를 운동이나 분비의 지령으로 내보내는 정보

---

* 새로운 경험을 기억하는 일.

처리·운동 발현기(P)*로서의 역할을 한다. 이 동작 원리는 전자계산기와 마찬가지이며, 그 반응 효과는 우리 인간에게서는 적응 행동이라고 불리는 행동으로서 나타난다. 이 경우도 피드백 메커니즘에 의해 정보 처리기와 운동 발현기의 작용 방식이 조정된다.

N₃형의 신경계는 수용기로부터 보내진 신호나 처리되어 저장되어 있는 기억이나 인상을 조합해서 전혀 새로운 지령을 만들어내고 이것을 효과기로 보내는 창조기創造器(Cr)**로서의 역할을 한다. 전자계산기로 하여금 정보를 처리할 수 있게 프로그램을 짜주는 일에 비유할 수 있다. 이 경우에는 자신의 행위와 자신이 설정한 것과의 차이가 정보로서 피드백되어 창조기의 작용 방식을 조정한다. 그리고 이 창조기에 의해 우리는 인간으로서 창조 행위를 영위한다.

이상 서술한 반응 효과 중에서 N₁형에서 영위되는 반사 활동과 조절작용에는 정신의 작용은 필요로 하지 않는다. 뜨거운 것에 부주의해서 손이 닿으면 저절로 손을 움츠리는데, 의식에

---

* 여기서 P는 processor의 약자다. 프로세서 역할을 하는 신경세포를 pro-cessor cells 혹은 interneurons 혹은 association neurons라고 하며, 여러 세포로부터 정보를 수집, 처리하여 단일한 아웃풋을 만들어낸다.

** creator.

서 뜨겁다고 느끼는 것은 손을 움츠린 반사운동이 일어난 다음에 오는 반응이다. 또 음식물을 먹으면 위의 작용이 활발해지게끔 내장기관의 조절 메커니즘에 정보가 전달되는데, 이 또한 의식되지 않는 '소리 없는 소리'로서 보내지는 것이다.

그에 비해 N_1형에서 영위되는 본능 행동과 정동 행동, 그리고 N_2형에서 영위되는 적응 행동은 의식이 있는 상태에서 일어난다. 받은 신호의 종류에 따라서 각각 다른 정신이 일어나고 그 정신의 조정을 받아 여러 가지 행동이 발동되는 것이다.

예를 들어 혈액 속의 영양분이 적어졌을 때에 우리의 의식 속에 배가 고프다고 하는 느낌(공복감)이 일어나고 그래서 먹고 싶다고 하는 욕구(식욕)가 생기며 그 욕구가 우리를 먹는다고 하는 본능 행동(먹는 행동)으로 이끄는 것이다. 파란 신호에 교차로를 건너려 했을 때, 신호가 노랑, 빨강으로 바뀌면(감각), 건너가서는 안 된다(인식)고 배웠기 때문에, 건너가는 것을 그만두는 것은 적응 행동의 예이다. 양쪽 다 의식이 있는 상태에서 진행된다.

우리 인간만이 하고 있는 N_3형에 의한 창조 행위는 명석한 의식 아래서 비로소 가능한 것임은 말할 것도 없다. 이것은 행위 주체가 자기 자신이라는 것을 확인하면서 자주적, 주체적 혹은 개성적으로 하는 행동이다. 목표를 세우고 그 달성을 도모하려는 의욕적 행위나 규준을 정하고 그 실현을 도모하려는 가치적 행위 등이 이에 속한다.

단세포동물인 아메바에게는 자극을 받는 수용기와 위족僞足을 만들어내는 효과기 사이에 구조적인 분화가 보이지 않는다. 그에 비해 말미잘 같은 다세포동물이 되면 수용기와 효과기가 분화되어 양자를 기능적으로 연결하는 신경계가 발달하기 시작한다. 동물이 고등해질수록 N_1형의 작용이 정교해짐과 동시에 N_2형이 더 발달하며, 우리 인간에게서는 동물에게는 없는 N_3형이 발달되어 뇌·신경계 전체의 주도권을 쥔다.

참고로 말하건대, 신경이란 말은 네덜란드어 zenuw에서 유래한 것으로, 스기타 겐파쿠杉田玄白가 신기神気의 '신'과 경맥経脈의 '경'을 합쳐서 만든 말이다. 그리고 『해체신서解体親書』*의 1권에 "zenuw를 신경이라고 번역했다. 그것은 색깔이 희고 튼튼하며, 뇌와 척수에서 뻗어나온다. 그것은 한편으로 보고 듣고 말하고 행동하는 것을 통제하고, 다른 한편으로 통양한열痛痒寒熱을 안다. 여러 움직일 수 없는 것들을 자재로이 움직이게 할 수 있는 것은 이것을 갖고 있기 때문이다"라고 서술했다.

---

* 독일 의사 쿨무스의 『Anatomische Tabellen』라는 책의 네덜란드어판인 『Ontleedkundige Tafelen』를 일본어로 중역한 해부학 서적.

4. 인간의 뇌는 어떻게 생겼는가

1906년 12월, 지금이라면 바로 세계적인 텔레비전 뉴스가 되었을 노벨생리의학상 시상식이 스톡홀름에서 열렸다. 이탈리아의 해부학자 골지C. Golgi와 스페인의 해부학자 카할 Santiago Ramón y Cajal이 신경세포에 대한 형태학적 연구로 나란히 상을 받았다. 공동 수상이라고 하니 두 사람이 사이좋게 공동 연구라도 한 것 같지만, 실은 이 두 사람은 이 시상식장에서 처음으로 얼굴을 마주한 것이었다. 그 정도가 아니라 이 둘은 서로 악수는커녕 말도 주고받지 않고 노벨상 수상 기념강연에서는 서로 반대되는 주장만 늘어놓고 잽싸게 귀국했다고한다.

1891년 독일의 해부학자 발데이어H. W. G. Waldeyer는 신경계의 신경세포는 세포체와 거기에서 나와 있는 몇 줄기 내지수십 줄기의 돌기로 구성되어 있으며, 이것을 신경계의 형태적·기능적 단위로 간주하여 거기에 뉴런neuron이라는 이름을 붙였다. 그리고 그는 서로 독립되어 있는 뉴런이 돌기들의 접촉에 의해 기능적으로 연결된다고 생각했다. 발데이어의 '뉴런설'을 놓고 카할은 골지가 고안한 도은법鍍銀法이라는 염색법을 사용하여 수많은 신경세포들을 자세히 관찰한 뒤 그의 생각이 옳다는 주장을 적극적으로 펼쳤다. 그런데 정작 도은법을 고안해낸 장본인인 골지는 신경세포는 서로 독립되어 있는 게 아니라 끊어짐 없이 연속되어 있다는 '망상설網狀說'을 계속해서 주장했다.

이 다툼은 전자현미경을 사용한 미세구조 연구에 의해서 비로소 해결되어, 카할의 설이 옳다는 것이 밝혀졌다.

이처럼 우여곡절을 거쳐 밝혀진 뉴런은 그 형태나 크기가 각양각색인데, 「그림 5」에 기본적인 형태를 제시해놨다. 세포체cell body로부터 한 가닥 긴 축색돌기axon(축색돌기의 말단 부분을 가리킬 때는 신경섬유neural fiber라고 한다)와 많은 수의 짧은 수상돌기dendrite가 나와 있다. 최근 뉴런의 입체 형상을 관찰할 수 있게 되면서 뉴런의 실제 크기가 알려지게 되었다. 예를 들어 고양이의 뇌간에 있는 망상체reticular formation라는 부위의 뉴런의 세포체의 무게는 500만분의 1g이다. 또한 수상돌기의 표면적은 세포체의 5배나 된다는 사실도 밝혀

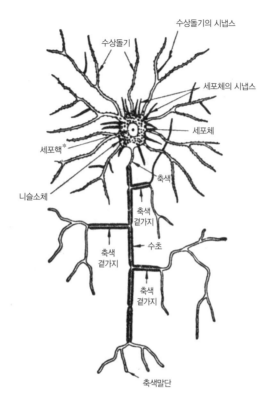

그림 5. 신경세포의 기본형

수상돌기의 시냅스

수상돌기

세포체의 시냅스

세포체

세포핵*

축색

니슬소체

축색
곁가지

축색
곁가지

수초

축색
곁가지

축색말단

---

* 핵 및 핵소체라는 말을 '세포핵'으로 대체.

졌다.

뇌에는 신경세포neuron만 있는 게 아니라 신경교세포neu-roglia라는 것도 있다. 그 수는 신경세포보다 더 많고, 신경세포 주위에서 신경세포를 물리적으로 지지하거나 신경세포에 영양을 공급하는 등 물질대사에 관계한다.

그런데 지렁이나 곤충 같은 무척추동물에게도 전도기con-ductor나 정보 처리·운동 발현기processor의 역할을 하는 훌륭한 신경계가 있는데, 이것은 아직은 신경세포의 집단인 신경절ganglia의 연쇄일 뿐 확실하게 뇌라고 부를 수 있을 만큼 발전해 있는 것은 아니다. 이들의 신경계는 여러 개의 신경절神經節*에 의해 지배되는 지방분권적인 체제를 이루고 있다고 할 수 있다.

척추동물이 되어서야 비로소 뇌brain와 척수spinal cord가 생겨서 이것이 신경계의 중추적인 작용을 하게 되었다. 그리고 고등한 동물이 되면 될수록 신경계의 중추적인 작용이 척수에서 뇌로 옮겨 가면서 더욱더 중앙집권적인 색채를 띠게 된다. 우리 인간은 정보 처리·운동 발현기나 창조기creator 등 신경계의 작용이 뇌로 집중되어 있다.

_____

* 신경세포의 집단.

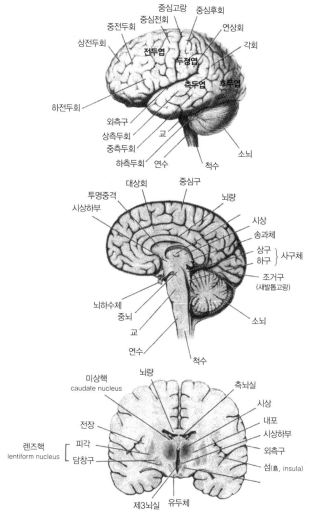

그림 6. 뇌의 구조

뇌는 곤약처럼 물렁물렁하다. 뇌는 몸 안에서 가장 중요한 기관이므로 부서지지 않도록 3중의 막으로 싸여서 두개골 안에 수납돼 있다.

「그림 6」의 맨 위의 그림은 뇌를 옆에서 본 것인데, 뇌가 대뇌cerebrum와 소뇌cerebellum로 나뉘어 있는 것을 볼 수 있다. 인간의 소뇌는 뇌 전체의 무게의 약 10%이고 정신 활동에는 직접 관계하고 있지 않으며 자세와 운동을 반사적으로, 무의식적으로 조정한다.

대뇌는 서로 대칭을 이루고 있는 반구 형상의 좌우 대뇌반구와 그 사이에 끼어 있는 뇌간brainstem이라는 막대기 형상의 부분으로 이뤄져 있다. 뇌간은 위에서 아래를 향해 간뇌diencephalon, 중뇌midbrain or mesencephalon, 뇌교pons, 연수medulla로 구분되며, 연수 아래로는 척수spinal cord가 이어진다. 뇌간 중 간뇌와 중뇌는 두 개의 대뇌반구 사이에 끼어 있으며, 밖으로 나와 있는 뇌교와 연수의 배背 측, 즉 등 쪽으로 소뇌가 자리 잡고 있다.

대뇌와 소뇌에는 표면에 많은 고랑sulcus이 있다. 대뇌의 고랑 중 특히 큰 것은 그림에서 뇌의 측면의 거의 중앙을 위에서부터 아래로 달리는 중심고랑central sulcus과, 전하방에서 후상방으로 달리는 외측고랑lateral sulcus이다. 그림에서 볼 수 있듯이, 중심고랑은 전두엽과 두정엽을 나누는 기준이 되며, 외측고랑은 전두엽과 측두엽을 나누어준다. 그리고 뒤통수 쪽으로 대뇌의 후두엽도 여러 고랑으로 구획되어 있다. 또한 외측고랑의 깊은 속에 섬이랑insula이라는 장소*가 숨겨져 있다.**

양 대뇌반구의 갈라진 곳을 따라서 세로로 잘라보면(시상단면sagittal section), 중간 그림과 같이 뇌량腦梁이라는 부분을 둘

---

* 고랑과 이랑은 각각 팬 곳과 튀어나온 곳을 의미하며, 한자로는 구溝와 회回, 영어로는 sulcus와 gyrus라고 한다.

** 뇌는 3차원 구조로 되어 있기 때문에 뇌의 각 부위를 가리킬 때, 3차원에서의 방향을 가리키는 말이 부가된다. 그중에서 등 쪽 방향을 가리키는 말이 dorsal이고 배 쪽, 즉 복부 쪽 방향을 가리키는 말이 ventral이다. 등은 한자로는 배背라고 하는데 배는 우리말로는 복부를 가리키기 때문에 주의해야 한다. 즉 배측背側이라고 하면 '등 쪽'이라는 뜻이며 복측腹側이라고 하면 우리말로 '배 쪽'을 의미한다. 또 자주 쓰이는 것은 안쪽medial, 바깥쪽lateral이라는 말인데, 예를 들어 뇌의 안쪽 혹은 중심선 쪽에 있는 것을 안쪽이라고 하고, 중심부가 아니라 그 바깥 부분에 위치한 것을 바깥쪽이라고 한다. 즉 lateral을 2차원 평면을 기준으로 생각하여 옆쪽이라고 이해하면 안 된다는 것이다. 이에 대한 한자 표현은 각각 내측, 외측이다. 또한 네발로 걷는 포유류의 경우 등 쪽은 위쪽이고 배 쪽은 아래쪽이지만 직립하는 인간의 경우 그런 위아래가 성립하지 않는다는 것도 알아두어야 한다. 이 책 원문에는 저자가 소뇌를 뇌교와 연수의 위쪽에 있다고 하였으나, 이것은 네발 동물에게는 맞는 이야기지만 직립한 인간에게는 적용될 수 없다. 따라서 그 부분에 한하여 배背측이라고 번역했음을 알려둔다. 하지만 네발짐승이라고 해도 얼굴은 정면을 향하고 있기 때문에 얼굴은 복측면이 아니라 앞쪽으로 향하고 있다고 말하는데, 그에 비해 인간은 얼굴이 복부와 같은 방향, 즉 복측면에 있다고 해야 하기 때문에 혼선이 생길 수 있다. 한글로 표기된 뇌과학 용어는 번역서나 저서에서나 아직 통일되어 있지 않으므로 관련 저서들을 읽을 때 주의를 요한다.

러싼 대뇌반구의 내측면에도 많은 고랑이 있는 것을 볼 수 있다. 뇌량은 좌뇌와 우뇌에 있는 신경세포들이 서로를 연결하는 신경섬유의 다발이다. 인간은 대뇌반구가 매우 잘 발달했으므로 뇌량도 커졌다.

뇌량 아래에 이어지는 부분은 뇌간brainstem의 단면이다. 뇌량 바로 아래의 간뇌는 시상이나 시상하부 등의 부분으로 구성되어 있다. 시상하부의 아래쪽은 깔때기 모양으로, 그 끝에 호르몬계의 중추적 역할을 하는 뇌하수체가 달려 있다. 또, 예전에 데카르트가 인간의 정신이 위치한 자리라고 말했던 송과체가 뒤쪽으로 뻗어 있다.

간뇌 아래로는 중뇌가 이어지고* 그 아래 뇌교pons라는 부분은 복측면腹側面으로 튀어나와 있고 그 아래가 연수medulla로 되어 있다. 간뇌는 대뇌반구에서 나오거나 들어가거나 하는 신경섬유의 다발(신경로)과 그 사이에 있는 신경세포의 집단(핵)으로 구성되어 있다. 또한 중뇌, 뇌교, 연수의 중심부에는 망상체reticular formation라는 특수한 구조가 있다.

대뇌를 수평으로 잘라보면(수평면horizontal section 혹은 횡단면transverse section), 맨 아래 그림처럼 표면은 회백색의 대

---

* 중뇌는 시각에 관여하는 상구와 청각에 관여하는 하구로 나뉜다.

뇌피질(평균 두께는 2.5mm)로 테가 둘러져 있다. 그 속에서 140억 개 이상으로 추정(에코노모의 추산)되는 신경세포가 층(세포구축)을 만들고 있다. 참고로 대뇌피질의 넓이는 1800~2250cm²라고 하는데, 이건 신기하게도 신문 한 쪽의 넓이 2237cm²와 비슷하다.

대뇌피질의 내측은 흰색으로 수질髓質이라고 하며 신경세포에서 뻗어 나온 신경섬유(神經纖維, nerve fiber)의 다발로 이루어진 곳이다. 다시 그 안쪽의 중앙부에는 시상이나 시상하부 등의 간뇌가 있고, 그 바깥쪽으로 대뇌핵(미상핵, 렌즈핵, 전장, 편도핵)이라고 하는 신경세포의 집단이 있다.*

뇌교와 연수의 배측背側에 위치한 소뇌의 대부분은 대뇌반구의 후두엽에 싸여 있다. 소뇌의 표면에는 많은 고랑이 있으며, 가운데 그림으로 알 수 있듯이 흰색의 신경섬유 다발이 나뭇가지처럼 회백색의 소뇌피질 안으로 뻗어 있어서, 예로부터 '생명의 나무'라고 불렸다. 소뇌에는 대뇌핵에 대응하는 4개의 소뇌핵이 묻혀 있다.

연수 아래로 이어지는 막대기 형상의 척수는 척추골이 이어

---

* 신경세포가 밀집해 있는 지점에 대해 두 가지의 용어가 사용된다. 중추신경, 즉 뇌와 척수 안쪽에 위치한 신경세포 밀집구역은 핵nucleus이라고 부르며, 중추신경 외부, 즉 말초신경계에 위치한 신경세포 밀집구역은 신경절ganglion이라고 한다.

져서 만들어진 척주脊柱 안에 담겨 있으며 경추, 흉추, 요추, 선추로 구분된다. 경추로부터는 여덟 쌍의 경신경이, 흉추로부터는 열두 쌍의 흉신경이, 요추로부터는 다섯 쌍의 요신경이, 선추로부터는 다섯 쌍의 선골신경과 한 쌍의 미골신경이 나와서 골격근이나 내장기관으로 운동 지령과 분비 지령을 보내는 한편, 피부나 점막 등에 있는 감각기로부터 감각 신호를 전달받는다.

또한 척수에는 운동이나 분비를 담당하는 하행성(원심성) 신경로나 감각을 뇌로 전달하는 상행성(구심성) 신경로 외에, 꽤 많은 신경세포가 묻혀 있어서, 빈약하긴 하지만, 전도기conductor나 정보 처리·운동 발현기processor로서의 역할을 하고 있다.

뇌의 무게는 쥐가 1.5g, 토끼가 10g, 고양이가 30g, 원숭이가 90g, 고릴라가 450g, 그리고 사람의 경우 남자가 1,400g, 여자가 1,250g이다.

고등한 동물일수록 뇌가 무거워서, 투르게네프가 2,012g, 칸트가 1,650g, 요코야마 다이칸橫山大觀*이 1,640g이듯이, 위인, 걸물은 평균보다 꽤 무거운 뇌를 갖고 있었던 것으로 보아, 뇌

---

* 일본의 화가.

는 무거울수록 지능이 발달된 것이 아닐까 싶다. 그러나 〈노벨문학상〉을 수상한 아나톨 프랑스의 뇌는 1,017g, 독일의 화학자 분젠의 뇌는 1,295g으로 평균보다 가볍다. 지구상에서 가장 무거운 뇌는 향유고래로 9,000g 이상이나 된다. 따라서 큰 것만이 능사는 아니다.

뇌의 표면에 있는 고랑도 하등한 동물일수록 적은 것을 보면 뇌에 주름이 많을수록 지능이 뛰어난 게 아닐까 싶지만, 돌고래의 뇌에는 우리 인간보다도 훨씬 많은 주름이 있는 것을 보면, 주름과 지능이 직접인 관계를 가졌다고 말할 수는 없을 것 같다.

5. 인간의 뇌는 생리적 조산이다

동물이나 인간의 태아와 신생아를 조사한 스위스의 동물학자 포르트만A. Portmann은 '10달 달이 차서' 태어나는 아기의 몸은 일단은 완성돼 있으나 가장 중요한 뇌는 미숙한 상태로 태어나므로, 결과적으로 '인간은 생리적 조산早産'이라고 말했다.

방금 태어난 아기의 약 400g의 뇌는 이후 신체의 어느 부분보다도 빠른 속도로 발달한다. 생후 6개월이 되면 태어났을 때의 무게의 2배가 되며 7, 8세에 이르면 어른의 뇌 무게의 90%에 달하게 된다. 그 뒤로는 천천히 성장하여 20살 전후에 성장이 완료된다. 그리고 50~60세쯤부터는 뇌가 조금씩 가벼워진다. 이와 같이 뇌가 태어난 직후에 급속하게 커지는 이유는 인간의 몸에서 가장 중요한 이 기관이 미숙한 상태로 태어나기 때문이다.

어린아이의 뇌가 이렇게 급속하게 성장하는 것은 뇌의 중요한 구성단위인 신경세포의 수가 늘어나서 생기는 현상이 아니다. 신경세포는 태아의 시기에 모두 완성되며, 출생 후에는 신경세포가 분열해서 수가 늘어나는 일은 없다. 또 손상되어도 결코 재생되지 않는다. 뇌를 제외한 다른 신체 부위의 세포는 사정이 다르다. 태어났을 때는 세포가 2조 개이지만 어른이 되면 50조 개로 늘고, 게다가, 평상시 언제나 교체되고 손상되면 바로 재생된다. 따라서 '변함없는 나'라는 것은 교체가 없는 신경세포에 있는 것이며, 결국 인간은 뇌 덕분에 '나'인 것이다.

신경세포는 수가 늘어나지 않을 뿐 아니라 세포체의 크기도 불지 않는다. 그렇다면 도대체 아기가 태어나고 나서 자라면서 뇌가 더 크고 무거워지는 이유는 무엇일까. 신경세포의 사이를 메우고 있는 신경교세포neuroglia가 불어나는 것, 그리고 뇌에 영양을 공급하는 혈관이 늘어나고 굵어져가는 것도 한 원인이다. 하지만 그보다 더 주된 원인은 하나하나의 신경세포가 돌기를 자꾸자꾸 늘려서 다른 신경세포와 뒤얽혀가는 데에 있다.

「그림 7」은 인간의 대뇌피질에서 운동 지령을 내보내는 신경세포(추체세포)가 돌기를 늘려가는 상황을 보인 것이다. 이와 같이 신경세포가 돌기를 늘려서 다른 신경세포와 기능적으로 연결(연결 부위를 시냅스라고 한다)을 해나가고, 나아가 신호의 전달이 더 빨리 이루어질 수 있게 하기 위해서 축색돌기가 수초로 싸이게 되면서(수초화myelination) 신경계가 완성되어가는 것이다. 신경세포는 흡사 전자계산기 속의 트랜지스터나 메모리 코어 등의 부품과 같다고도 할 수 있다.

따라서 갓 태어난 아기의 미숙한 뇌는 부품으로서의 신경세포는 다 나와 있으나 선에 피복을 입히는 수초화 작업이나 배선 작업은 아직 되어 있지 않은 상태이다. 그리고 신경세포의 배선이나 수초화가 세월과 더불어 진행돼가는 것이 뇌의 성장이다.

네덜란드의 교육학자 랑에펠트M. J. Langeveld는 인간은 '교육받을 수 있는 동물Amimal educable'이라고 했다. 이것은 아기는 지극히 미숙한 뇌를 가지고 태어나기 때문에 늑대 소녀와 같이 늑대에게 키워지면 아기의 뇌가 늑대의 뇌처럼 배선配線될 가능성이 있음을 지적하는 것이다. 그러므로 우리 인간은 '교육받아야 하는 동물Animal educandum'이다. 이것이 우리 인간이 부모로서 교사로서 선배로서 아기나 어린이나 후배를 보육하고 교육하고 지도하고 또 서로가 서로를 훈련하는 이유이다.

신경세포가 배선되어가는 상황은 「그림 7」의 아래쪽 그래프에서 보이듯이 3단계로 되어 있다. 제1단계는 태어나서부터 3세 무렵까지이고 제2단계는 4세 무렵부터 7세 무렵까지, 제3단계는 10세 전후이다. 그 후의 배선은 매우 느리게 진행되다

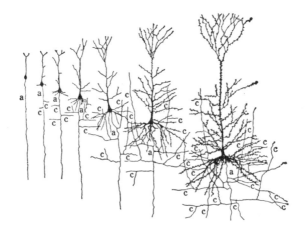

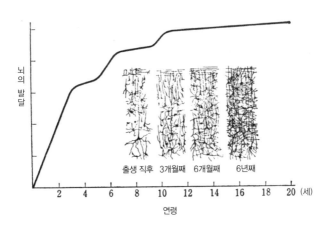

출생 직후　3개월째　6개월째　6년째

연령

그림 7. (위) 신경세포의 돌기가 늘어나는 상황을 나타낸다.
(a는 축색, c는 축색의 곁가지, 그 밖의 돌기는 수상돌기)
(아래) 뇌의 발달 단계와 배선이 완성되어가는 상황을 나타낸다.

가 20세 전후에 완료된다. 이것을 보면 제1단계에는 "세 살 버릇 여든까지"라는 속담이, 제2단계에는 학령기가 대응하고 있다는 것을 바로 알 수 있다. 그리고 제3단계인 10세 전후에는 어린이의 정신 활동에 이질적인 변화가 일어난다. 실은 우리는 10세 전후에 진짜 인간이 되는 것이다.

이와 같은 3단계에 걸쳐 진행되는 신경세포의 배선은 정신의 자리인 대뇌피질 전체에 걸쳐서 똑같이 진행되는 것이 아니라, 태어나서 3세까지와 4세부터 10세까지의 배선은 각각 다른 부위에서 진행된다. 즉 서로 다른 정신 활동을 영위하는 신경세포가 시기를 달리해서 배선된다는 이야기다.

태어나서 3세 무렵까지의 사이는 모방의 시기라고 불린다. 이 시기의 신경세포는 보육자의 태도나 아기를 둘러싼 생활환경이 배선도가 되어 아기의 뇌에 그대로 복제되듯이 배선된다. 늑대 소녀의 경우, 인간의 아기를 키운 늑대는 늑대의 태도를 아이에게 보인 것이며 아이는 그 늑대를 보고 신경세포의 배선을 진행한 것이다. 따라서 어머니나 보육자 자신이 인간으로서의 삶의 방식을 사는 것이 곧 이 시기의 아기를 가르치는 일이며, 아기를 둘러싼 환경을 인간의 배선이 가능한 상황으로 만드는 것이라고 할 수 있다. 그렇다면 아기들이 예전에는 따뜻한 어머니의 품속에서 자랐는데, 지금은 텔레비전을 통해서 거실로 파고든 사회의 격랑에 시달리면서 자라고 있다는 점이 아기의 뇌 성장에 어떤 영향을 줄지 고민할 필요가 있다.

그리고 아이는 3세가 지나면 모방의 시기를 벗어나서 스스로 생각하고 자신을 주장하고 자주적으로 행동하며 의욕을 갖게 된다. 따라서 이 시기에는 그런 활동을 가능하게 해주는 신경세포가 왕성하게 배선을 하게 된다. 이 기간은 자아 발견, 창조의 시기이다. 그러다가 10세 무렵이 되어 신경세포의 배선이 거의 완성되면 비로소 인간의 뇌는 영원히 마르지 않는 창조의 정신을 낳게 된다.

교육의 목적이 인간 형성에 있다고 하는 것은 달리 표현하면 아이가 인간다운 정신을 갖고 인간다운 행동을 할 수 있게끔 신경세포가 형성되게 도와준다는 이야기라고 할 수 있다. 따라서 과학적이고 근대적인 보육, 교육이라는 것은 바로 아이들의 뇌에서 신경세포의 배선이 이루어지는 발달 단계에 맞춰 아이를 키워가는 데 있다고 할 것이다.

그러면 신경세포의 배선이 완성된 20세 전후에는 뇌를 훈련할 필요가 없는 것일까. 그렇지 않다. 3세 무렵까지는 말하자면 전자계산기의 하드웨어가 구성되는 시기라고 할 수 있고, 4세부터 10세까지는 이것을 사용하기 위한 소프트웨어가 만들어지는 단계라고 할 수 있다. 보통의 가정에서 자라고 보통의 교육을 받은 사람은 서로 비슷한 하드웨어를 갖고 있을 터이다. 하지만 머리의 작용이 좋고 나쁨은 그 하드웨어의 활용 방식, 즉 소프트웨어의 작용이 어떠하냐에 달려 있다. 다행히도 우리의 소프트웨어는 영원히 마르지 않는 샘물과 같은 생명력을 갖고 있다. 따라서 나이가 들어서도 이 소프트웨어의 능력이 마음껏 펼쳐질 수 있도록 지속적으로 훈련할 필요가 있다.

지금까지 봐온 것처럼 뇌는 태어난 후의 환경에 의해 그 발달이 크게 좌우된다. 그런데 다른 한편으로는 유전 요소의 영향도 크지 않을까 하는 의견도 있다. 이런 주장을 하는 사람들은 예를 들어 18세기의 대작곡가 요한 제바스티안 바흐의 가계를 비롯한 천재의 가계를 예로 들곤 한다. 또 쌍둥이를 대상으로 한 조사 보고를 제시하기도 한다.

여기서 주의해야 하는 것은, 인간을 대상으로 연구할 때, 엄격한 조건 아래에서의 실험적 연구는 허용되지 않는다는 점과, 연구의 대상이 될 인간의 뇌의 작용을 과학적으로 평가하는 것이 지극히 어렵다는 점이다. 따라서 몇 가지의 예를 가지고 섣부른 결론을 내리는 것은 위험한 일이다.

늑대 소녀의 예도 그렇지만, 미국에서 인종 문제가 왜 그토록 심각한가 하는 것을 생각해보면, '혈통보다는 아이가 성장하는 환경'이라는 생각을 하지 않을 수 없다. 미국인들이 인종적 편견과 증오가 큰 것은 유전자 때문이 아니라 그들이 미국에서 태어나 자랐기 때문이라고 본다는 이야기다.

거기에 악센트를 붙인다는 의미에서, 1967년 9월에 파리의 유네스코에서 개최된 '인종 및 인종적 편견에 관한 전문가회의'에서 내놓은 성명의 일부를 소개한다.

현재의 생물학적인 지식에 의하면, 문화적인 업적은 유전적인 가능성의 차이에서 기인한다고 볼 수 없다. 서로 다른 민족의 문명의 차이는 단지 그들의 문화사가 다른 데에서 기인한 것이다. 오늘날, 세계의 모든 민족은 생물학적으로는 문명의 일정 수준에 달할 수 있는 비슷한 가능성을 갖고 있는 것으로 여겨진다. 그런 점에서 민족우월의식은 생물학적 지식과 맞지 않다.

6. 인간의 뇌는 삼중의 삶을 연출한다

머리 꼭대기가 뾰족하면 완고한 사람, 머리 두개골이 벌어져 있으면 잔인한 사람, 눈이 튀어나와 있으면 어학에 뛰어난 사람…… 이런 식으로 머리의 형태로 그 사람의 재능이나 성격을 단박에 알 수 있다고 하는 골상학을 발표하여 커다란 센세이션을 불러일으킨 사람이 있었다. 빈에서 의사로 일하던 갈 J. Gall이라는 사람으로, 18세기가 끝나가는 1796년의 일이었다.

의성 갈레노스의 영기靈氣설의 아성에, 프랑스의 생리학자 비샤가 뒷문으로 공격해 들어갔다면, 갈은 정문으로 정정당당하게 쳐들어갔다. 갈은 우리의 정신 활동을 영기가 한 짓이라고 봤던 그때까지의 생각을 정면에서 부정하고, 우리의 모든 정신 활동은 대뇌반구를 둘러싼 대뇌피질에서 분업적으로 영위되며, 그리고 정신 활동이 영위되는 대뇌피질의 해당 부위의 활동이 좋고 나쁨에 따라서 그 부위에 요철이 생긴다고 주장한 것이다.

갈의 골상학은 본래부터 과학적 근거가 없는 주장이었는데, 아이러니하게도 이것이 계기가 되어 한편에서는 대뇌피질의 분업에 대한 실험적 연구가 진행되었고, 다른 한편에서는 대뇌피질 외에는 정신 활동이 영위되는 자리가 없는가 하는 문제를 파고들게 되었다. 그리고 전자는 인간의 신피질의 하드웨어와 소프트웨어 구상으로 개화하고, 후자는 세 개의 통합계의 설정으로 결실을 맺었다.

갈의 골상학 제창으로부터 약 100년이 지난 1892년에 독일의 생리학자 골츠F. L. Goltz가 대뇌피질을 제거한 개ㅊ의 행동을 조사하여 「대뇌가 없는 개」라는 논문을 발표했다. 이 개는 잠이 들기도 하고 잠에서 깨기도 하고 입에 사료를 넣어주면 먹고 아프게 하면 화를 내기도 했으므로 골츠는 대뇌피질이 아니라 대뇌반구 내부에 정신의 자리가 있다고 생각했다. 그런데 실은 이 '대뇌가 없는 개'는 제거되지 않고 남아 있던 다른 종류의 대뇌피질이 있어서 그것에 조종되어 행동한다는 것을 그 이후에야 알게 되었다.

뱀의 대뇌반구를 잘 조사해보면, 세포의 구조와 작용이 각각 다른 세 종류의 대뇌피질로 싸여 있는 것을 알 수 있다. 그

중 우리 인간의 대뇌반구의 표면에 있는 대뇌피질에 상당하는 부분은 흔적 정도밖에 없고 다른 두 종류의 대뇌피질이 넓은 면적을 점유하고 있다. 그래서 뱀의 뇌에서는 흔적으로만 볼 수 있는 대뇌피질을 신피질neocortex이라고 하며 다른 두 가지 피질을 고古피질*과 구舊피질**이라고 한다. 고피질과 구피질은 세포의 구조도 다르고 작용하는 방식도 서로 다르지만 편의적으로 둘을 합쳐서 대뇌변연피질limbic cortex이라고 부른다. 또한 신피질에 대해서 '새로운 피질', 변연계에 대해서 '오래된 피질'이라고 부르는 것이 관용화되어 있다. 여기서 새로운, 오래된 이라는 것은 계통발생적인 의미이다.***

동물이 고등화되면서 신피질이 발달하게 되면 구피질은 대뇌반구의 바닥면으로 밀려나고 고피질은 대뇌반구의 내부로 밀려 들어가게 된다. 실제로 우리 인간의 뇌에서는 구피질은 대뇌반구 바닥면에서 겨우 볼 수 있으며, 고피질은 해마, 치상회齒狀回라는 이름으로 대뇌반구 내부에 묻혀 있다. 그리고 대뇌반구 표면의 대부분은 신피질로 되어 있다. 골츠의 '대뇌가 없는 개'는 실은 대뇌가 아니라 '신피질이 없는 개'였고, 변연

---

* archi-cortex, 파충류의 뇌.
** paleo-cortex, 포유류의 뇌.
*** 즉 진화적으로 신피질이 변연피질보다 나중에 발생했다는 의미이다.

피질은 남아 있었으므로 거기에 머무는 정신에 의해 행동을 했던 것이다.

신경생리학의 개척자인 영국의 셰링턴C. S. Sherington은 『신경계의 통합 작용The Integrative Action of The Nervous System』이라는 불후의 명저를 남겼는데, 그가 말하는 통합 작용이란 뇌·신경계의 작용인 전도, 정보 처리·운동 발현, 창조의 세 가지 역할을 총칭하는 것이라고 할 수 있다.

신경계의 통합 작용은 말할 것도 없이 신경세포가 집중하여 있는 뇌와 척수, 즉 중추신경계에서 이루어지는 것이며, 그중 뇌에서는 세 가지 피질과 뇌간이 통합 작용의 자리가 되고 있다.

이들 부위의 통합 작용은 구심성 신경로(감각신경로)에 의해 감각의 정보를 받아들이고 원심성 신경로(운동신경로와 분비신경로)에 의해 운동이나 분비의 지령을 내보내는 방식으로 이루어진다. 통합 작용이 일어나는 자리인 세 가지 피질과 뇌간과 척수, 그리고 이들에 연결되는 신경로를 함께 통합계라고 부른다. 그렇다면 신피질계, 고피질계, 구피질계, 뇌간계, 척수계의 다섯 가지로 통합계를 구별할 수 있을 텐데, 이것을 각 통합계의 기능을 중심으로 하여, 크게는 먼저 신피질계는 그대로 신피질계라고 하고, 그리고 고피질과 구피질을 하나로 하여 변연피질이라고 부르는 만큼, 고피질계와 구피질계를 하나로 하

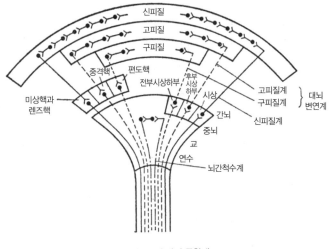

그림 8. 세 가지 통합계

여 대뇌변연계limbic system라고 부르고, 뇌간계와 척수계를 하나로 하여 뇌간·척수계라고 부른다.

이렇게 구성된 통합계를 모형적으로 나타낸 것이 「그림 8」이다.* 통합 작용의 자리로 연결되는 구심성 신경로나 원심성

---

* 주의할 것은 ●━ 은 오른쪽을 가리키는 화살표가 아니라는 것이다. 이것은 오른쪽 세포핵에서 왼쪽으로 축색이 뻗어 나오고 그것이 왼쪽의 세포핵으로 시냅스로 연결되어 있는 모습을 그린 것이다. 따라서 신경 신호는 화살이 가리키는 방향의 반대 방향으로 흘러가는 것이다. 이 그림에서는 원심성 신경로 즉 대뇌에서 척수로 향하는 신경로는 왼쪽, 구심성 신경로는 오른쪽에 표시되어 있다는 것을 알 수 있다.

신경로는, 몇 번쯤 중계를 거치는데, 그림에 나타냈듯이, 구심성 신경로의 최후의 중계 장소가 간뇌이며, 원심성 신경로의 최초 중계 장소가 대뇌반구 속에 묻혀 있는 대뇌핵basal ganglia[*]이다.

이와 같이 인간을 조종하는 뇌, 신경계는 작용 면에서 보면 신피질계와 대뇌변연계와 간뇌·척수계로 짜여 있으므로, 우리가 사는 모습은 이 세 가지 통합계가 분담하고 있는 셈이다. 어떻게 분담하고 있는 것일까.

'목숨이 제일이다'라고 하듯이, 사는 모습은 그 무엇보다도 '살아 있다'고 하는 생명의 보장이 있어야 한다. 이것은 아직 의식이 없는 정적인 생명 현상이지만 이것이 보장되어야 그 위에서 '살아간다'고 하는 의식이 있는 동적인 생명 활동이 전개되는 것이다. 말하자면 '살아 있다'는 것은 식물적인 삶이라고 할 수 있으며, '살아간다'는 것은 동물적·인간적인 삶이라고 할 수 있다.

의식이 없는 '살아 있는' 모습은 골격근을 효과기로 삼은 반사 활동과, 내장 기관에 있는 평활근과 분비선을 효과기로 삼은 조절 작용에 의해 구현된다.

---

* 기저핵이라고도 한다. 미상핵, 렌즈핵, 편도핵 등으로 구성되어 있다.

인간의 삶

살아 있다 ······ 반사 활동, 조절 작용 ········ 뇌간·척수계
살아간다
　　강인하게 ······ 본능 행동, 정동 행동 ······ 대뇌변연계
　　유효적절하게 ············· 적응 행동 ⎫········· 신피질계
　　더 잘 ························· 창조 행위 ⎭

표 2

　　생명 보장을 토대로 의식 있는 상태에서 구현되는 '살아가는' 모습이 성립되는데, 이것은 다시 세 개의 단계로 나눌 수 있다.

　　첫째는, 태어나면서부터 갖춰져 있는 마음, 즉 학습하지 않아도 몸에 밴 마음에 의해 조종되는 본능 행동과 정동 행동이다. 이들 행동에 의해 개체 유지와 종족 보존이라는 기본적인 생명 활동이 이루어진다. 말하자면 우리는 이것을 통하여 천성적 존재자로서 '강인하게' 살아가게 된다.

　　둘째는, 학습 혹은 경험 축적을 기반으로 하여 변화하는 외부 환경에 적절하게 대처해가는 적응 행동이며, 이것에 의해 우리는 기술적 존재자로서 '유효적절하게' 살아간다. 그리고 셋째는, 미래에 도달하고자 하는 목표를 설정하고 가치를 추구하여 그 실현을 도모하고자 하는 창조 행위이며, 이것에 의해

서 우리는 인격적 존재자로서 '더 잘' 살아가고자 한다.

그런데 이 네 가지 삶의 양상은 「표 2」에 나타냈듯이, 세 개의 통합계에 의해 분담되고 있다. 생명 보장의 구현인 '살아 있는' 모습은 간뇌·척수계가 분담하고, '강인하게' 살아가는 모습은 대뇌변연계가 분담하고, '유효적절하게' 살아가는 모습과, 우리 인간만이 구현할 수 있는 '더 잘' 살아가는 모습은 신피질계가 분담한다.

7. 인간의 뇌에도 하드웨어와 소프트웨어가 있다

인간의 뇌를 보면, 인간의 생명 활동을 영위하는 일을 분담하는 뇌간·척수계는 반사적인 작동 방식, 그리고 대뇌변연계는 도식적인stereotyped 작동 방식을 특징으로 하고 있다. 그런 점에서 이들은 일정한 목적으로 작동하도록 만들어져 있는 하드웨어에 가깝다고 말할 수 있다.

그러면 뇌의 나머지 다른 하나, 우리 인간에게서 훌륭하게 분화 발달해 있는 신피질계는 어떤가? 실은 신피질에는 뇌간이나 변연피질보다 훨씬 정교한 하드웨어가 갖추어져 있을 뿐 아니라 그 하드웨어를 창조적으로 운영할 수 있게 하는 현명한 소프트웨어까지 갖춰져 있다고 비유적으로 말할 수 있다.

「그림 9」는 왼쪽 대뇌반구를 덮는 신피질의 분업 지도이다. 전두엽의 좌측 부분에 점을 찍어놓은 곳을 전두 연합 영

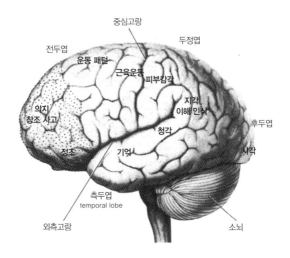

중심고랑

두정엽

전두엽

운동 패턴

근육운동

피부감각

지각
이해 인식

의지
창조 사고

후두엽

청각

정조

기억

시각

측두엽
temporal lobe

소뇌

외측고랑

그림 9. 사람의 신피질의 분업 체제

역frontal association area이라고 하는데, 이 영역과 그 이외의 영역을 나눈다고 한다면, 전두 연합 영역이 소프트웨어이며 그 이외의 영역이 하드웨어라고 말할 수 있다.

거기서 우선, 하드웨어의 구조를 보자. 중심고랑을 따라 오른쪽에 띠처럼 둘러쳐져 있는 영역(체성감각 영역 혹은 일차 체성감각 영역primary somatosensory area)에서는 주로 피부의 감각기에서 보내오는 신호를 받아서 피부감각을 일으킨다. 외측고랑lateral sulcus을 따라서 위치하고 있는 청각 영역에서는 귀에서 보내오는 신호를 받아 청각을 일으키고, 후두부의 뒤쪽에서 내측medial으로 걸쳐서 있는 시각 영역에서는 눈에서 보내오는 신호를 받아 시각을 일으킨다.

두정엽의 체성감각 영역과 측두엽의 청각 영역, 그리고 후두엽의 시각 영역으로 둘러싸여 있는 넓은 영역을, 두정·후두 연합 영역parietal-occipital association area이라고 하며, 측두엽에서 이루어지는 기억을 발판으로 하여 체감각, 시각, 청각, 등 일차 감각 영역에서 받아들인 감각 신호를 처리하는 작용을 한다. 즉, 느낀 것을 지각하고 기억을 되살려 이해하고 인식하는 작용을 하고 있는 영역이다. 전두엽에서 중심고랑 앞쪽으로 띠 모양으로 이어져 있는 영역(운동 영역primary motor region)은, 골격근에 운동 지령을 보내어 하나하나의 근육에 운동을 일으키는 작용을 하며, 그 더 앞쪽은 운동 전영역premotor region이라 하여 운동 지령의 순서, 즉, 운동의 패턴을 만들어낸다.

이와 같이, 우리 인간의 신피질의 하드웨어는 중심고랑을 경계로 하여 전방의 운동 발현기와 후방의 정보 처리기로 구성되어 있다는 것을 알 수 있다.

인간 외 다른 동물의 신피질에도 하드웨어는 있는데, 「그림 10」에 제시되어 있듯이 고등한 동물일수록 연합피질의 영역이 넓으며, 그에 따라서 정보 처리의 정밀도나 운동 발현의 방식도 더 정교해진다. 예를 들어 쥐의 신피질에서 연합피질이 차

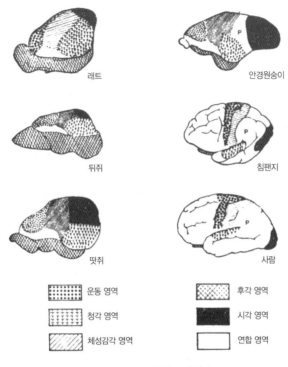

래트

안경원숭이

뒤쥐

침팬지

땃쥐

사람

▦ 운동 영역	▨ 후각 영역
▦ 청각 영역	■ 시각 영역
▧ 체성감각 영역	□ 연합 영역

그림 10. 동물의 신피질 분업 체제

지하는 면적은 매우 좁고, 따라서 쥐의 행동은 반사적, 도식적
이며 적응 행동은 거의 볼 수 없다.

쥐나 고양이 같은 동물은 하드웨어가 갖고 있는 잠재 능력
을 발휘시키는 전두 연합 영역이 거의 발달해 있지 않다. 원숭
이나 침팬지는 전두 연합 영역을 이루는 뉴런이 소량 있기는

하지만 하드웨어를 '더 잘' 활용할 수 있을 정도까지 발달하지는 못했다.

따라서 쥐나 고양이나 원숭이는 모방과 단순한 시행착오의 방법으로 하드웨어를 사용하여 '유효적절하게' 살아가는 것을 습득하는 것 이상으로 나아가지 못한다. 5천 년 이전의 페르시안 고양이와 지금의 고양이는, 가격은 비싸졌지만 행동에는 변함이 없고, 바닷속에 들어가도 돌고래 문명을 찾을 수는 없다.

미야자키현 코지마幸島의 원숭이에게서 전前 문화적인 행동이 관찰되는 것은 너무나도 유명하다. 이것이 과연 '더 잘' 살아가고자 하는 가치 추구의 산물일지 어떨지는 앞으로 이 원숭이들이 어떤 새로운 행동을 개발하고 전승해갈지에 달려 있다.

우리 인간은 동물과 달리 현명한 소프트웨어를 갖고 있기 때문에 의욕적인 시행착오의 방법을 구사한다. 그래서 기존의 방식을 답습하고 전승하는 데 그치지 않고, 새로운 행동 방식을 창안하며, 문명을 개발하고 문화를 창조하는 등, '더 잘' 살아가는 모습을 구현한다. 우리 인간에게서 특히 발달해 있는 전두 연합 영역에서는 사고, 판단, 추리, 창조, 의지, 정조(기쁨, 슬픔, 시기, 원망, 질투), 경쟁의식, 욕망(물욕, 명예욕, 권력욕) 등의 정신 활동이 영위되고 있지만, 지금까지는 그 작용 기전이 베일에 싸인 채 침묵의 영역silent area으로 남아 있었다. 그렇게 된 것은 실험동물로 자주 사용되는 고양이나 개에게 전두 연합 영역이 발달해 있지 않은 탓도 있었을 것이다.

1850년경에 공장의 폭발 사고로 전두 연합 영역이 손상된 노동자의 성격이 완전히 바뀐 일이 보고되었지만, 소프트웨어로서의 전두 연합 영역의 작용을 분명하게 알게 된 것은 포르투갈의 신경학자 모니스Egas Moniz가 전두엽 절개라는 용감한 수술을 시작한 덕택이다. 모니스는 실험 중 전두엽이 제거된 침팬지가 얌전해진 것을 보고 힌트를 얻어서, 불안신경증이나 조울증 등에 걸린 환자를 대상으로 전두엽 절개 수술을 실행했다. 예상대로 상당히 효과가 있었고 이 수술은 전 세계로 퍼져나갔다. 모니스는 그 공적이 인정되어 1949년에 노벨생리의학상을 수상하기까지 했다.

그러나 초기에는 정신병 퇴치 요법이라 하여 각광을 받은 이 수술은 실은 일시적인 대증요법에 지나지 않는다는 것이 밝혀져서 오늘날에는 거의 실행되고 있지 않다. 그러나 수많은 사람이 전두 연합 영역을 제거당함으로써 비로소 전두 연합 영역에서 영위되는 중요한 정신 활동의 실태가 드러나게 되었다.

전두엽 절제 수술을 받으면 지능지수나 기억력에는 거의 변화가 보이지 않지만, 무관심, 무감정, 자발운동 감퇴, 의욕 상실, 정조 빈곤, 불안 해소 등의 증세가 나타난다. 이것은 사고력이나 창조성이나 의지력이나 정조의 정신이 감퇴하거나 상실되었다는 것을 의미한다.

이것은 전두 연합 영역이 인간이 '인간인 모습'을 갖추는 데 핵심적인 역할을 한다는 것을 보여주는 것이다. 그러나 나중에 서술하겠지만 단지 '인간인 모습'만으로는 인간이 행복해질 수 없다는 점 또한 생각해야 한다.

Ⅱ

미켈란젤로, 「밤」

8. 인간은 어떻게 건강을 유지하는가

'자세를 바로 한다'고 말할 때의 '자세'는 몸가짐만이 아니라 마음가짐도 의미한다. 몸의 바른 자세는 건강한 정신의 토대가 되기도 한다.

무척추동물인 지렁이나 문어에게는 개체로서의 형태는 있지만 자세는 없다. 지렁이나 문어가 자세를 바로잡으면 어떤 모습이 될까. 절족동물인 새우나 게나 곤충 등은 동체는 딱딱한 껍질로 단단하게 되어 있지만, 그것을 가지고 자세를 바로잡았다고 하기는 뭐하다.

그런데 우리 인간을 비롯한 척추동물은 몸 안에 척주脊柱를 갖고 있어서 그것을 축으로 하여 몸의 자세를 유지하며, 여러 가지 운동 동작을 단단히 유지된 그런 자세를 토대로 해서 실행하게 된다.

척주는 제각기 떨어져 있는 척추뼈가 쌓아 올려져 만들어진 것이다. 우리 인간은 지구의 중력을 받으면서도 두 다리로 불안정한 직립 자세를 유지하며 행동한다. 인간이 직립 자세를 유지할 수 있는 것은 뼈와 뼈 사이에 뻗어 있는 항중력근抗重力筋의 긴장에 의한 것이며, 그중에서도 관절을 펼 때 수축되는 신근伸筋이 직립 자세를 유지하는 데 주역을 맡고 있다.*

우리는 이러한 근육에게 어떤 지령을 보낼까 하고 신경을 쓰지 않으면서도 자세를 유지할 수 있다. 근육이나 관절이나 피부 등으로부터 피드백되는 정보를 바탕으로 하여 이들 근육이 아기 때 이미 습득한 운동 패턴에 맞게 움직이도록 그때그때 반사적으로 지령이 전달되기 때문이다.

자세를 유지하게 해주는 반사 활동은, 뇌간·척수계에서 관장한다. 인간의 경우에는, 병이 들어 그 부위의 작동에 이상이 생겼을 때 이러한 사실을 관찰할 수 있지만, 동물의 경우에는 실험을 통해서도 그 반사 활동이 뇌간·척수계에서 관장된다는 것을 확인할 수 있다. 예를 들어 개나 고양이에게서 대뇌반구와 간뇌를 제거하더라도 네 다리로 서는 능력이 없어지지

---

* 골격근 중에서 수축함으로써 관절이 굽혀지게 하는 근육을 굴근flexor이라고 하며, 반대로 역시 수축함으로써 관절을 펴지게 하는 근육을 신근extensor이라고 한다.

않는다. 걸을 수는 없지만 동물 본래의 주립 자세가 유지된다. 뇌간·척수계가 살아 있기 때문이다.

뇌간·척수계에서 영위되는 또 하나의 반사 활동은 방어 반사이다. 방어 반사운동 역시 건강하게 살아가기 위해서는 빼놓을 수 없는 활동이다. 예를 들어 뜨거운 것에 손이 닿으면 무의식적으로 손을 움츠려서 화상을 입지 않게 한다. 이것은 몸에 가해지는 위해로부터 몸을 지키도록 행동하게 하는 반사작용이기 때문에 회피반사라고도 한다. 이 반사 활동의 정보원은 통증이며, 통증을 느꼈을 때 손이나 발을 구부리도록 작용하는 굴근屈筋이 이런 활동의 주역을 맡는다. 매우 드물게 통증을 느끼지 않는 사람이 있는데 이런 사람은 끊임없이 상처를 입기 때문에 주변의 감시와 도움이 없이는 도저히 살아갈 수 없다.

뇌간·척수계에서는 이 외에도 우리가 의식하지 못하는 사이에 중요한 많은 일을 한다. 그로 인해 우리가 '살아 있다'고 하는 건강한 몸을 보장받는다. 폭풍이 불기도 하고 폭우가 내리기도 하는 변화무쌍한 외부 환경에서도 체온이나 혈압이나 혈액의 조성을 일정하게 유지하며 내장의 여러 기관이 정상적으로 작동하게 한다. 프랑스의 생리학자 클로드 베르나르Claude Bernard는 이와 같이 변화하는 외부 환경 속에서도 내부 환경의 항상성을 유지하는 것은 생명 유지에 매우 중요한 일이라고 강조했으며, "내부 환경의 항상성은 자유로운 생의

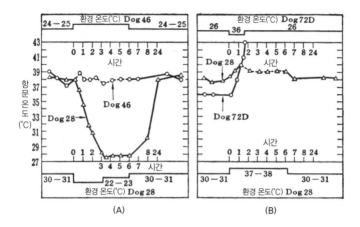

그림 11. 체온 조절의 중추 메커니즘을 보여주는 실험

(A) 정상적인 개 Dog46과 시상하부 발열發熱중추를 망가뜨린 개 Dog28을
저온에 있게 했을 때의 체온의 변화. Dog28의 체온이 현저하게 떨어진다.

(B) 고온에 있게 했을 때. Dog28은 고온에서도 원래의 체온을 유지하지만 시상하부의
방열放熱중추를 망가뜨린 Dog72D는 현저한 체온 상승을 보인다.

(A. D. Keller)

조건이다"라는 말을 남겼다. 이렇게 '자유로운 생의 조건'을
유지해주는 것은 뇌간·척수계로 통합되어 있는 자율신경계와
호르몬계이다.

체온을 항상적으로 유지하는 메커니즘의 중추인 시상하부
가 손상되면 개의 체온이 계속 상승하여 40도 이상의 고열이
되기도 하고, 거꾸로 항온동물이 변온동물이 되기도 한다(그
림 11). 우리의 피부는 추운 날에도 살짝 닿으면 따스함을 느

끼게 해준다. 그러나 체온 조절의 메커니즘이 없어지면 피부도 날씨를 따라 뱀처럼 차게 바뀐다. 혈압은 혈관의 긴장이 자율적으로 조절되기 때문에 항상적으로 유지될 수 있다. 따라서 이 메커니즘이 망가지면 혈압도 매우 쉽게 변하게 된다. 또 병이 들어 호르몬계 조절의 메커니즘이 망가지면 과잉 성장을 해서 거인증이 되거나 혈액 속의 포도당이 늘어나 오줌에까지 섞여 나오게(당뇨병) 되거나 한다.

영국의 생리학자 랭글리J. N. Langley는 의식적으로 움직일 수 있는 손이나 발의 근육을 지배하는 운동신경을 체성신경계라고 부른 것에 대응하여 내장의 작용을 통제, 조정하는 신경계를 자율신경계라고 불렀다.*

한편, 프랑스의 생리학자 비샤는 생물이 사는 모습을 여러 가지 목적을 가지고 바깥 세계와 관계하는 동물적 생활과, 동화, 배설, 성장, 번식 등의 식물적 생활로 나누고, 전자를 지배하는 신경을 동물신경, 후자를 지배하는 신경을 식물신경이라

---

* 체성신경계somatosensory System는 신체 표면에 가해지는 촉감, 압력, 진동 등을 감지하고, 중추신경계에 각 신체 부위의 상대적 위치와 공간상에서의 신체 위치에 대한 정보를 제공하며, 차가움, 뜨거움, 통증 등에 대한 정보도 처리한다. 자율신경계(autonomic nervous system, ANS)는 체성신경계와는 달리 말초신경계통에 속하는 신경계로 평활근과 심근, 외분비샘과 일부 내분비샘을 통제하여 동물 내부의 환경을 일정하게 유지하는 역할을 한다.

고 불렀다. 비샤가 말하는 동물신경은 랭글리가 이름 붙인 체성신경이며, 비샤가 말하는 식물신경은 랭글리가 말한 자율신경과 같다. 바로 위에서 뇌간·척수계에서 영위되는 '살아 있는 모습'은, 식물적인 삶이라고 했는데, 이때 식물적이라는 말은 비샤의 식물신경에서 따온 말이다. 덧붙여서, 병이나 부상으로 인하여 뇌간·척수계만으로 생명을 유지하는 사람을 '식물인간'이라고 부르는데, 이 말의 유래 역시 같다.

그런데 자율신경계는 교감신경계와 부교감신경계로 되어 있고, 거의 대부분의 내장기관은 이 두 신경계에 의해 이중으로 지배를 받는다. 그리고 이 두 신경계는 하나의 기관에 대해서 서로 반대 방향으로 작용한다. 심장의 활동은 교감신경의 작용이 고조되면 강해지고 부교감신경의 작용이 고조되면 약해진다.

자율신경계의 최고 중추인 뇌간은 내장에서 피드백되는 정보를 기초로 하여 교감신경과 부교감신경의 작동을 자동적으로 조절한다. 이처럼 조절의 구조가 갖춰져 있기 때문에 서로 반대 방향으로 작동하는 교감신경과 부교감신경이 협조적으로 작용할 수 있는 것이다. 자율신경계의 작용에서 기반이 되는 것은 부교감신경이며, 교감신경은 필요에 따라서 악센트를 주는 역할을 한다고 말할 수 있다. 말하자면 부교감신경은 고삐이고 교감신경은 박차나 채찍이다. 외부 환경이 평온할 때에는 부교감신경, 즉 고삐만으로 제어할 수 있지만, 긴박한 외부 환경에서는 박차나 채찍을 쓰듯이 교감신경이 작용하기 시작하는 것이다.

신체의 항상성을 유지하는 또 다른 시스템은 호르몬계다. 자율신경계에 의한 조절 작용은 신속하게 실행된다는 특징이 있는 데 비해, 호르몬계에 의한 조절 작용은 시간이 걸린다. 그러나 호르몬계의 작용에는 지속성이 있다.

호르몬을 분비하는 분비선에는 갑상선, 부신수질, 부신피질, 성선(고환과 난소), 췌장(랑게르한스섬), 하수체, 상피소체 등이 있다. 이 중에서 하수체는 호르몬계의 중심적 역할, 말하자면 오케스트라의 지휘자의 역할을 한다고 말할 수 있다. 하수체는 스스로 고유의 호르몬을 분비하기도 하지만, 그 외에 갑상선이나 부신이나 성선의 호르몬분비를 촉진하는 호르몬을 분비하기도 한다. 하수체의 호르몬 분비는 시상하부에 의해 통제를 받으며, 시상하부는 피드백의 메커니즘에 의해 하수체의 호르몬 분비를 자동적으로 조절할 수 있도록 되어 있다.

미국의 생리학자 캐논W. B. Cannon은 동물에게 강렬한 자극을 줘도 몸의 내부 환경이 항상적으로 유지되는 것은 자율신경계와 호르몬계의 미묘한 조절 작용 때문이라는 것을 밝혀냈으며, 내부 환경이 항상적으로 유지되고 있는 상태에 대해 '생체항상성homeostasis'이라는 이름을 붙였다. 그리고 그의 평생의 연구를 종합한 책에 『The Wisdom of the Body(인체의 지혜)』라는 적절한 제목을 붙였다.

우리의 몸속에는 이 같은 지혜가 갖춰져 있기 때문에 우리는 생명 활동에 일일이 신경 쓰지 않아도 건강하게 살아 있을 수 있다. 이러한 '인체의 지혜'를 소중히 여기고 그것에 감사하며 우리 인간 본래의 인간으로서의 행위를 구현하는 데 전념하는 삶을 살아야 할 것이다.

9. 인간은 어떻게 먹는가

벼농사를 짓기 시작한 야요이시대 이전의 시대인 조몬시대에는 조엽수(야자, 너도밤나무, 녹나무 등)의 열매에서 전분을 채집하지 않았나 하는 연구가 있듯이, 일본 민족의 기원을 논할 때에도 먹는 이야기는 빼놓을 수 없는 주제다. 인간이 안개를 먹고는 살 수 없는 일이니 당연한 일이다.

1920년에 아일랜드에 있는 형무소에서 10명의 수인이 94일 동안 단식투쟁을 했다고 한다. 또 1962년에는 39세의 미국 여성이 살을 빼고 싶다는 일념으로 117일간 단식을 하여 143kg의 체중을 90kg으로 감량했다고 한다. 초인적인 단식 기록인데, 이것이 과학적으로 신빙성 있는 기록인지는 알 수 없다.

엄밀한 조건 아래 실행한 실험에 의하면, 단식을 하면 내장의 작용이나 정신 활동에도 다소 변화가 오지만, 가장 눈에 띄게 변하는 것은 체중이 감소한다는 것이다. 단식 첫날부터 5일까지 사이에는 체중이 하루에 1.0~1.5kg의 비율로 급격하게 감소한다. 5일부터는 하루에 0.5~1.0kg의 비율로, 10일 이후에는 거의 일정해져서 하루에 0.3~0.5kg의 비율로 감소한다. 그리고 단식 전의 체중과 비교하여 40%가 감소할 때까지는 사람이 죽지 않는다고 한다. 따라서 이런 계산에 의하면, 인간은 40일간의 단식은 견딜 수 있다는 얘기다.

내용이 옆으로 샜는데, 중요한 것은, 우리가 건강한 신체로 활동하기 위해서는 소비하는 에너지에 걸맞은 영양분을 신체에 공급해줘야 한다는 것이다. 영양분의 보급은 식욕에 의해 추동되는 먹는 행동, 즉 먹는 행위에 의해 이루어진다.

우리의 몸이 좋은 영양 상태를 유지하기 위해서는 단백질, 지방, 탄수화물, 미네랄, 비타민 등 영양소를 필요한 만큼 균형 있게 섭취해야 한다. 식생활은 민족에 따라서도 다르고 자연환경에 따라서도 다르지만, 어떤 음식을 먹든 필수영양소는 섭취해야 한다.

일본인의 식생활은 최근 들어 많이 변하긴 했지만, 일본인은 기본적으로는 쌀을 주식으로 하며 칼로리 섭취 중 전분에 의존하는 비중이 구미인의 약 2배다. 동물성 단백질이나 지방을 많이 섭취하는 구미형 식생활은 심장병 등을 일으키기 쉬운 단점이 있지만, 장점 쪽이 많으므로 식생활을 구미형으로 바꾸도록 유도하고 있는 것이 현 상황이다.

흡수된 영양소 중에서 탄수화물은 산화·분해되어 에너지원이 된다. 단백질과 지방도 에너지원으로 사용되지만 그 둘의 주된 용도는 신체의 구성 요소를 이루는 데에 있다.

미네랄은 탄소, 수소, 산소, 질소와 같은 유기물의 주성분 이외의 원소를 말하는데, 대표적인 것으로 칼슘, 나트륨, 칼륨, 마그네슘, 인, 철, 요드 등을 들 수 있다. 미네랄은 신체의 구성요소로도 되며, 한편 체액의 항상성을 유지하거나 비타민(A, B1, B2, B6, B12, C, D, E)처럼 효소의 작용을 돕는 일도 한다.

그런데 이들 영양소들의 필요 섭취량은 얼마나 될까.「표 3」에 후생성이 규정한 일본인의 영양 소요량을 표시해뒀다(이 표에서는 칼슘, 비타민A, B1, B2, C가 생략되어 있다). 이 표는 생명 유지를 위한 최저 칼로리 양과 활동에 필요한 칼로리 양으로 산출한 것이다. 당연한 말이지만 영양 소요량은 연령이나 남녀에 따라 다르고 노동의 정도에 따라서도 달라진다. 하지만 표에 있는 영양 기준량이란 것은 국민 1인당 1일 평균 영양 소요량이다. 평균치일 뿐이므로 감안해서 보아야 한다.

이제 막 태어난 아기는 배가 고프면 젖을 먹고 배가 부르면 먹는 것을 멈춘다. 이러한 행동은 본능의 욕구에 따른 본능 행동으로서 대뇌변연계에서 조절한다. 뺨에 닿은 것을 입술과 혀로 포착하여 빠는 운동을 흡음吸飮반사라고 하는데, 이 반사

		열량(Cal)		단백질(g)		근육(g)	
		남성	여성	남성	여성	남성	여성
연령	1~2	1,240	1,130	48	42	21	19
	3~5	1,580	1,450	53	47	26	24
	6~8	1,910	1,750	57	53	32	29
	9~11	2,160	2,070	93	79	36	35
	12~14	2,630	2,500	119	90	44	42
	15~17	2,870	2,430	102	92	48	41
	18~19	2,820	2,340	94	72	47	39
	20~29	2,630	2,150	75	64	44	36
	30~39	2,600	2,080	75	63	43	35
	40~49	2,510	2,000	75	63	42	33
	50~59	2,380	1,930	74	62	40	32
	60~69	2,200	1,790	69	57	37	30
	70~	1,890	1,690	64	53	32	28
영양기준량		2,300		75		38	

표 3

는 막 태어난 아기에게 이미 갖춰져 있는 능력이다. 빤 젖은 연하嚥下되어 위나 장에서 소화, 흡수, 그리고 배설된다. 이들 흡음반사, 연하반사, 그 밖에 저작咀嚼반사, 타액 분비 등, 먹는 것에 관계하는 일련의 운동이나 분비의 기본적 패턴은 뇌간·척수계에 그 구조가 저장되어 있고, 그 구조는 대뇌변연계에 의해 구동되며 신피질계에 의해 통제를 받는다.

　뇌간·척수계에 있는 먹는 행동의 기본적인 구조는 과거에는 위가 오그라들거나 부풀거나 하는 것에 의해 구동된다고 생각되었다. 그러나 위를 지배하는 신경을 전부 절단하거나 심지어 위를 절제해도 동물의 먹는 행동은 변하지 않았다. 우리 인간 또한 위를 절제해도 공복감을 느끼는데, 이것은 식욕을 일으키는 주된 정보가 위가 아닌 다른 부위에서 보내진다는 것을 의미한다. 실제로 고양이나 쥐로 실험해본 결과, 먹는 행동을 발동하거나 정지하거나 하는 정보는 주로 시상하부의 특정 세포군에서 변연피질로 보내지고 있다는 것이 확인되었다.

「그림 12」에 제시되고 있듯이 고양이의 시상하부의 외측부 lateral hypothalamus를 훼손하면 사료를 먹지 않게 되며, 그 결과 체중이 감소해서 죽는다. 반대로 시상하부 안쪽의 복내측핵 ventro-medial hypothalamic nucleus을 망가뜨리면 계속해서 먹어대어 비만이 된다. 시상하부 외측부에 위치한 세포군은 혈액 중의 포도당 농도의 저하를 감지하여 정보를 변연피질로 보내서 공복감을 일으키고, 거기서부터 먹는 행동을 발동하는 지령이 보내지는 것이다. 따라서 이 세포군을 공복 중추라고 한다. 이에 반해 시상하부 안쪽에 있는 복내측핵 부위의 세포군은 혈액 중의 포도당 농도가 상승하는 것을 감지하여 정보를 변연피질로 보내서 만복감을 일으키고, 거기서부터 먹는 행동을 정지하라는 지령이 보내지는 것이다. 따라서 이 세포군을 만복 중추라고 한다.

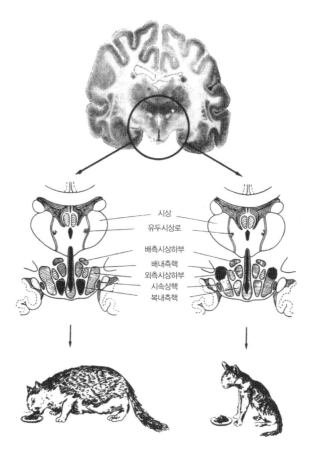

시상
유두시상로
배측시상하부
배내측핵
외측시상하부
시속상핵
복내측핵

고양이의 시상하부의 만복 중추(복내측핵)를 파괴했기 때문에 끊임없이 먹어서 비만이 된다.

고양이의 시상하부의 공복 중추(외측시상하부)를 파괴했기 때문에 전혀 먹지 않게 되어 마른다.

그림 12. 식욕의 중추 메커니즘을 나타내는 실험

포도당의 농도의 변화 외에도, 다른 대사산물이나 성호르몬(여성은 월경 직전에 음식 섭취량이 늘어난다), 그리고 위벽에서 보내지는 감각 신호나 체온(온도가 높으면 섭취량이 준다) 등도 공복 중추나 만복 중추에 작용을 가한다.

　변연피질이 먹는 행동을 조절하는 최상위의 통합의 자리에 있다는 것도 동물실험에서 증명됐다. 동물에게 변연피질을 자극하면 먹는 행동이 발동되거나 중지되거나 하며, 또, 변연피질을 파괴하면 먹는 행동이 변화하게 된다.

　우리 인간은 훌륭하게 발달한 신피질계가, 개체를 '유효적절하게' '더 잘' 유지할 수 있도록, 대뇌변연계에서 영위하는 먹는 행동에 여러 가지 다른 작용을 가미한다. 게걸스럽게 먹지 않고 배가 80% 정도 찼을 때 자제하자는 결심을 하게 유도하기도 하고 식욕이 없으면 의사의 진찰을 받으러 가자는 생각을 하게 만들기도, 조리법을 연구하여 식생활을 개선하거나 새로운 음식을 창조하여 식탁을 더 즐겁게 만들기도 한다.

　우리 인간의 신체의 3분의 2는 수분으로 되어 있다. 그래서 성인은 매일 적어도 2.5리터의 수분을 섭취하고 같은 양의 수분을 오줌이나 땀, 대변이나 날숨으로 배출하여 수분의 균형을 맞춘다. 수분을 섭취하고자 하는 욕구와 거기서 비롯되는 마시는 행동도 먹는 것과 마찬가지의 메커니즘으로 진행된다. 혈액의 침투압이나 구강이나 인두 등의 점막에서 보내오는 감각 신호를 시상하부의 세포군이 감지한다. 세포군이 감지한 정보를 변연피질로 보내면 거기서 갈증이나 만수감滿水感을 일으켜서 물을 마시거나 물 마시는 것을 멈추거나 하게 하는 것이다. 예를 들어 염소의 시상하부에 위치한 세포군을 전기로 자극하거나 그 부위에 농도가 높은 고장성高張性 식염수* 소량을 주사하면 갈증을 일으키는 정보가 변연계에 보내져서 염소가 계속해서 물을 마시게 된다.

성행동과 관련하여 후각이 중요한 역할을 하는 것과 마찬가지로 먹거나 마시거나 하는 행동에 대해서는 미각이 중요한 역할을 한다. 미각은 음식물이나 음료를 찾기 위한 단서로서의 역할도 하고 유해한 것을 먹지 않도록 하는 방어적 역할도 한다. 미각에는 단맛, 짠맛, 쓴맛, 신맛의 네 종류가 있는데, 단맛과 짠맛은 전자의 역할을, 쓴맛과 신맛은 후자의 역할을 한다. 하지만 방어적 역할을 하는 쓴맛, 신맛도 잘 활용하면 도리어 식욕을 높이도록 작용하기도 한다. 그래서 맛을 내는 요령은 단맛이나 짠맛보다도 쓴 후추 약간, 식초 한 방울에 있는 듯하다. 우리 인간의 식생활은 뇌세포만이 아니라 '맛의 문화'에 의해서도 영향을 받은 것이다.

---

* 세포내 체액보다 삼투압이 높은 식염수. 세포내 체액이 빠져 나오게 한다.

10. 인간은 어떻게 섹스하는가

이 섬으로 내려와 신성한 기둥을 세우고 야히로도노(八尋殿 ; 넓은 궁전)를 지었다. 이에 그 여동생인 이자나미노미코토에게 묻기를 "너의 몸은 어떻게 생겼느냐?" 하자, "나의 몸은 차츰차츰 생겨 이루어졌으나 이루어지지 않은 곳이 한 군데 있습니다"라고 대답하였다. 이에 이자나키노미코토가 말하기를 "나의 몸은 차츰차츰 이루어졌으나 쓸데없이 남은 곳이 한 곳 있다. 그러므로 나의 쓸데없이 남은 곳을 가지고 너의 완전히 이루어져 있지 않은 곳에다 끼워 넣어서 국토를 낳으려고 생각한다. 그대 생각은 어떠한가?" 하고 말하자, 이자나미노미코토가 "그것이 좋겠습니다"라고 대답하였다. 이에 이자나키노미코토는 "그렇다면 나와 너 이 기둥을 돌아서 만나 결합을 하자"라고 말하였다.

능청맞게 남녀의 교접을 묘사한 『고사기古事記』의 한 구절(두 신의 결혼)이다.

우리 인간은 일정 연령이 되면 이성에게 관심을 갖고 섹스를 하고 싶은 욕구(성욕)에 사로잡히게 된다. 이것은 종족 보존을 위해 타고나는 본능이며, 그것에 의해 발동되는 행동을 성행동, 성행위라고 한다. 동물도 수컷·암컷이 교합하는데(교미 행동), 그것이 인간처럼 성욕이라는 정신에 의해 추동되는 것인지는 알 수 없다.

동물의 교미 행동이나 인간의 성행위는 성선(정소와 난소)에서 분비되는 성호르몬(발정호르몬)에 의해 발동되는데, 동물이 고등해질수록 성호르몬만이 아니라 생식기의 기계적 자극이나 그 밖의 여러 가지 자극이 그 자체로 성행동의 유인이 된다. 이것이 우리 인간이 시도 때도 가리지 않고 성생활을 향락하는 까닭이기도 하다. 어류나 조류 등의 교미 행동은 전적으로 성호르몬의 작용에 의존한다. 그리고 쥐의 경우도 질이나 자궁을 전부 잘라내도 성호르몬의 분비가 일어나면 그에 의해 발정하거나 교미하거나 한다. 토끼 역시 질에 분포해 있는 감각신경을 절단해도 성호르몬이 분비되면 교미한다.

우리 인간의 성호르몬은 정소(고환)에서 분비되는 남성호르몬(테스토스테론)과, 난소에서 분비되는 여성호르몬이 있다. 그리고 여성호르몬은 다시 발정 작용을 하는 난포호르몬(에스트로겐)과 수태 준비와 임신 상태 유지 작용을 하는 황체호르몬(프로게스트론)으로 나뉜다.

성행위의 기본적인 패턴은 뇌간·척수계에서 관장한다. 뇌가 손상되어 척수만 남아 있는 동물이라도 생식기나 대퇴부의 피부에 접촉하면, 수컷은 후後반신을 아래고 굽히고 음경을 발기시켜서 교미 자세를 취하고, 사정하는 경우도 있다. 흉부 아래에서 척수가 완전히 절단된 남성이 결혼해서 아이를 얻었다는 보고도 있다. 이 경우는 성호르몬에 의해 성행위가 발동되는 것이 아니라, 생식기의 기계적인 자극에 의해 성행위가 이루어진 것으로, 물론 성행위에 동반되는 쾌감은 없다.

생후 4일째인 아기에게서 양팔을 벌리고 다리를 구부리고, 양손을 마주하여 끌어안는 것 같은 원시반사primitive reflex의 행위를 관찰할 수 있는데, 뇌간·척수계에 갖춰져 있는 성행동의 기본적인 패턴 때문일 것이다. 또, 렘REM수면(31장 「인간은 어떻게 꿈을 꾸는가」 참조)일 때 볼 수 있는 음경의 발기 역시 뇌간·척수계에 갖춰져 있는 기본적인 성행동의 패턴이 드러나는 데에서 기인한 것이 아닐까 싶다.

성호르몬에 의해 교미 행동이나 성행위가 발동되기 위해서는 대뇌변연계의 작동이 필요하다. 식욕의 경우와 마찬가지로 먼저 시상하부에 있는 세포군에서 성호르몬을 감지하여 그 정보를 변연피질에 보내면 변연피질에서 성욕을 불러일으킨다.

발동된 성욕은 뇌간·척수계에 있는 성행동의 기본적 패턴을 발현시키도록 하는 운동이나 분비 지령으로 전환된다. 그리고 그것이 운동신경이나 자율신경으로 보내지는 것이다.

따라서 성욕을 일으키는 정보를 보내는 시상하부의 세포군이 훼손되면 자연 발정은 일어나지 않게 되고, 성호르몬을 주사해도 전혀 발정하지 않게 된다.

이성에 대한 결핍감에서 시작되는 성에 대한 욕구는, 수컷에게는 사정, 암컷에게는 자궁이나 질의 수축에 의한 오르가즘을 일으킨다. 이때에 시상하부의 다른 장소에 있는 세포군이 사정이나 오르가즘에 의해 일어나는 신호를 감지하여 그 정보를 변연피질로 보내어 만족감을 일으킨다. 일단 욕구가 만족되면 성행위는 종료된다.

따라서 만족감을 일으키는 정보를 내보내는 시상하부의 세포군이 훼손되면 성욕이 충족되었다는 느낌이 일어나지 않기 때문에 언제까지라도 성행동을 계속하게 된다.

성행동을 발동시키거나 저지시키거나 하는 결핍감과 만족감이 변연피질에서 만들어진다는 것은 이 장소를 자극하거나 파괴하거나 했을 때 동물의 성행동에 비정상적인 반응이 일어나리라는 것을 의미한다. 그리고 그것은 실험에서 관찰되었다. 우리 인간도 변연피질에 병이 났을 때 비슷한 증상이 관찰된다.

후각은 대뇌변연계의 유력한 정보원인만큼 성행동에 큰 영향을 미친다. 이것은 미각이 식행동에 미치는 영향과도 같다. 그런 점에서 우리 인간의 '냄새 생활'은 종국적으로 따져보면 종족 보존을 보장하는 하나의 문화 형태라고 할 수 있다.

동물이나 인간이나 모두, 성의 본능의 자리는 대뇌변연계에 있다. 그러나 대뇌변연계의 작동은 신피질계의 촉진 작용이나 억압 작용에 의해 여러 가지로 영향을 받는다. 폐경기를 지난 여성이라도 성행위를 추구할 수 있고 고환을 뗀 남성이라도 보통 사람처럼 성생활을 영위할 수 있다. 양쪽 다 과거의 경험을 살리거나 시각이나 청각에 의한 도발법挑發法을 활용하고 있는 것이다. 수컷 원숭이가 배란기 암컷 원숭이의 빨갛게 물든, 부드럽게 부풀어 오른 엉덩이에 의해 성적으로 도발되는 것도 사정은 같다.

우리 인간은 주기적으로 발정하는 동물과 달라서 사춘기를 지나면 쉴 새 없이 성에 대한 욕구를 느낀다. 문명사회에서 성행위에 대해 신피질계의 이성, 지성에 의한 엄격한 통제가 요청되는 것도 그 때문이다. 그런 점에서 프리섹스나 성해방을 추구하는 풍조는 무조건 찬성하기 힘들다.

신피질계가 성행위에 미치는 영향은 수컷과 암컷이 상당히 다르다. 예를 들어 암컷 쥐의 경우는 신피질을 깨끗이 떼어내도 정상적인 쥐와 마찬가지로 발정하고 교미하고 임신하고 새끼를 낳지만, 수컷은 신피질을 반쯤 잘라내면 교미 행위를 못하게 된다.

이시자카 요지로石坂洋次郎의 소설『강변에서河のほとりで』에 누나 다네코가 자신의 방에서 남동생 마사짱과 다음과 같은 대화를 주고받는 장면이 나온다.

"그래도, 마사짱, 이건 하나의 지식으로 알아뒀으면 하는데, 여자아이는 남성 나체 그리스 조각을 방에 장식해놓아도 머리가 멍해지는 일은 없어."

"나도 그렇게 들었어. 그런데 남자와 여자는 어째서 그렇게 생리가 다를까, 누나."

"난 잘 몰라. 그래도 그런 식으로 다르지 않다면, 인간의 생활이 몹시 난잡해질 것 같지 않니?"

이 부분을 읽고 미국인의 성생활을 자세히 분석한 킨제이 보고서가 생각났다. 그것을 읽어보면 남자는 여자에 비하면 성적 흥분을 느끼는 데서 관념적인 요소에 의해 큰 영향을 받는다고 되어 있다. 누나 다네코가 한 말의 학문적 입증이라 해도 좋다. 구체적으로 말하자면, 남성은 본 것만으로도, 혹은 들은 것만으로, 혹은 상상한 것만으로도 성적 흥분을 느끼지만, 여성은 그런 것으로는 꿈적도 않는다. 여성은 피부나 점막에 닿고서야 비로소 성적 흥분을 느끼고, 한번 흥분하면 이성이나 지성의 억제가 듣지 않을 정도로 맹목적이 된다고 한다.

이렇기 때문에 인간의 성생활은 『고사기』에서 말하는 '이루어지지 않은 곳'과 '쓸데없이 남은 곳'의 형태적인 차이만이 아니라 신피질에서 관장하는 관념적 요소가 미치는 영향의 강약에서 남자와 여자의 차이가 서로 잘 맞아떨어질 때 비로소 이루어지는 것이다.

성욕도 그렇고 식욕도 그렇고, 인간은 그러한 본능 행동을 함께 영위함으로써 서로간의 마음을 더 깊게 융합시킨다. 그래서 남녀는 마음의 융합을 도모할 때 논리 이전에 성행위는 두말할 것 없이 식행동을 함께하는 방법도 구사한다. 제사나 불사에 술을 올리고 상을 차리고 하는 것이나, 기독교의 성찬식 등, '한솥밥'을 먹는 행위를 통해 자기를 넘어서서 집단과 관계 속으로 귀속하는 마음을 강화하는 것이다.

11. 인간은 어떻게 함께 사는가

타인과의 관계를 기피하는 소아자폐증 같은 현상이 최근 문제가 되고도 있지만, 일반적으로 말해서 우리 인간은 아기나 어른이나, 남자냐 여자냐에 관계없이 가족, 학교, 기업체, 사회, 국가, 민족 등등 여러 성격과 규모의 무리를 만들어 함께 생활해가려고 한다. 이해타산을 따진다거나 이치에 의한 납득만으로는 결코 집단은 만들어질 수 없다. 인간이 무리를 지으려고 하는 경향에는, 홀로는 싫다, 누구라도 좋으니 여하튼 함께이고 싶다는, 대뇌변연계에서 생겨나는 집단 욕구가 그 배경에 있는 것이다.

남을 욕하거나 싸울 수 있는 것도 상대가 있고 나서의 이야기이고, 서로 사랑하고 서로 미워할 수 있는 것도 짝이 없으면 이루어지지 않는 일이다. 인간관계라든가 대인 관계라는 말을 입에 담을 수 있는 것은 집단 욕구가 있기 때문이다. 서로 으르 렁거리면서도 함께 생활하려고 하고, 서로 죽이면서도 하나의 민족으로 모이려고 하는 것에서도 알 수 있듯이 집단 욕구는 우리가 '강인하게' 살아가는 데 꼭 필요한 본능이라고 할 수 있다.

집단 욕구가 충족되었을 때에는 일심동체의 느낌이나 연대 감을 느끼고 마음이 안정되지만, 그렇지 않을 때 쓸쓸함이나 고독을 느끼고 마음이 불안정해진다. 집단 욕구의 중요성은 고 독한 환경에 놓였을 때나 실험적으로 고독 환경 속에서 생활 하게 했을 때(격리 실험, 감각차단 실험) 관찰되는 몸과 정신 의 이상異常 현상에 의해 확인되고 있다.

북극에서 164일간 혼자 고립되어 있었던 리터C. Ritter 여사 가 쓴 수기를 보면, 눈 위에 괴물이 나타나는 환상을 보기도 하 고 스키가 미끄러지는 소리를 듣는 환청을 듣기도 했으며 어 떤 때는 북극의 달빛 속에 자신이 녹아들어가버리는 환각을 느끼기도 했다고 썼다. 형벌이나 포로로 오랜 동안 독방에서 방치되어 있으면 정신이 의지할 곳을 잃고 불안에 떨게 되어 바르게 생각하고 판단할 능력이 없어져서 착각이나 환각을 경 험하게 된다고 한다.

시궁쥐를 대상으로 격리 실험을 한 결과를 보면, 고독한 환 경에 놓인 쥐는 4~6주가 지나면 거칠고 난폭해져서 달려들어

물기 시작하고, 12주가 지나면 그 정도가 매우 심각해져서 통제하기 힘들게 된다. 또 피부에는 염증이 생겨서 퍼져나간다. 이런 상태에 이른 쥐를 병리해부해보면 부신이나 갑상선이 비대해져 있고 비장과 흉선이 위축되어 있다.

동물이 무리를 짓는 양상은 동물의 종류나 습성에 따라 상당히 다르다. 말이나 원숭이나 고릴라 같은 초식동물은 무리의 구성원이 많고 무리의 정주 장소(둥지)가 없다. 이에 비해 늑대나 사자와 같은 육식동물은 무리의 구성원이 적고 무리의 정주 장소가 거의 정해져 있다. 이와 같은 차이는 대뇌변연계에 의한 무리 짓는 본성이 신피질계의 '유효적절하게' 살아가고자 하는 적응 행동에 의해 영향을 받은 결과일 것이다.

그렇다면 우리 인간이 무리를 구성하는 양상은 어떨까. 화석인류학이나 문화인류학이나 사회학 등에서 인간 사회의 구성이나 구조나 성격에 대한 여러 가지 논의를 하고 있다. 대뇌변연계가 관장하는 것은 무리 지어 '강인하게' 살아가려는 본성이라고 할 수 있다. 그러나 인간은 훌륭하게 분화 발달한 신피질계의 '유효적절하게' 살아가고자 하는 적응 행동과, 인간만이 구사할 수 있는 '더 잘' 살아가고자 하는 창조 행위에 의해서, 구조적으로도 기능적으로도 매우 다양한 군집의 양상을 보여 준다.

핵가족화가 아무리 진행되어도 가정을 이루고 사는 가족이 인간 집단의 기본 구성 단위라는 것은 뇌의 구조로 봐도 부정할 수 없다. 그럼, 가정은 우리 인간에게 어떤 역할을 하고 있는 것일까.

첫 번째 역할은 뇌간·척수계가 관장하는 '살아 있다'고 하는 생명의 보장을 얻을 수 있는 장소를 제공하는 것이다. 가정은 수면, 휴식, 배설 등의 생리적인 욕구가 거리낌 없이 안전하게 이뤄질 수 있는 장소이다.

두 번째 역할은 대뇌변연계가 분담하는 '강인하게' 살아가기 위한 욕구가 주저 없이, 편안하게, 그리고 안전하게 이뤄질 수 있는 장소이다. 식사를 하고, 성행위를 하고, 집단 욕구를 충족하는 장소, 그것이 가정이다. 생리적 욕구나 본능적 욕구를 충족하고 있을 때는 외적에 대해서 무방비 상태이다. 그때 몸을 방어하고 욕구 충족에 전념할 수 있기 위해서는 가정의 폐쇄성(밀실성)이 필요하다.

세 번째 역할은 신피질계가 분담하는 '유효적절하게' 살아가기 위한 적응 행동, 그리고 '더 잘' 살아가기 위한 창조 행위가 영위되는 장소이다. 미숙한 모습으로 태어나는 아기를 보육하고, 성장해가는 아이를 교육하는 장소이며, 서로 간에 개인을 계발하여 향상시켜 나가는 장소이며, 일하는 기쁨, 창조의 기쁨을 체득하는 장소이다. 이러한 행동이나 행위는 사회와 관련을 갖고 실행되는 것이므로, 사회에 대한 가정의 개방성이 요청된다.

그리고 마지막으로 가정의 네 번째 역할은 우리 인간만이 가져야 하는 숙명인바, 대뇌변연계에 도사린 욕구 불만과, 신피질계에 축적되는 욕망 불만을 풀 휴식의 장소이다. 사람들은 가정에서 서로 이야기를 나누고 위로해줌으로써 마음에 쌓이는 불만을 풀거나 마음의 상처를 치유할 수 있다.

그런데 현대에 사는 우리는 사회기구와의 관련에서 가정이 가져야 할 정상적인 역할을 군이 역전시키려고 하고 있는 것은 아닐까 하는 걱정이 든다. 가정의 역할 중 첫째와 둘째, 넷째의 역할은 가정의 폐쇄성을 요구하고 있는데 이것을 개방형으로 바꾸려 하고 있으며, 셋째 역할에서 요구되었던 가정의 개방성은 거꾸로 폐쇄화되는 경향을 보이고 있다. 이렇게 되면 가정의 기능은 상실되고, 가정의 기능 상실은 인간성의 상실로 이어질 수 있다. 가족, 가정의 존재 의의를 한 번 더 확인했으면 한다.

우리 인간은 집단 욕구가 충족되지 않을 때 쓸쓸함이나 고독을 느끼고 그래서 그 집단 욕구의 충족을 도모하기 위해 본능적으로 상대를 추구하려고 한다. 이 경우의 상대는 누구라도 좋다. 비특정의 상대를 추구하는 것이다. 그런데 신피질계에서 영위되는 창조 행위는 개인을 자각하고 개인을 주장하는 것으로 이어지므로, 우리가 인간임을 증명하려고 하면 할수록, 타자를 배제하고 자기 자신을 관철하려 함으로써 고독에 빠지게 된다. 그래서 고독해지는 우리는 거기서 벗어나기 위해 또다시 상대를 추구하려 한다. 그러나 이 경우는 누구라도 좋은 게 아니라 특정의 상대를 추구하는 것이다.

이와 같이 인간인 우리는 대뇌변연계에서 유래하는 고독과 신피질계에서 유래하는 고독이라는 이질적인 두 가지 고독을 감수하지 않으면 안 되는 숙명을 갖고 있다. 나쓰메 소세키가 『행인』의 주인공의 입을 빌려 한 말이 그럴싸하지 않은가.

"고독이여, 너는 나의 고향이로다."

12. 인간은 왜 스킨십을 하는가

'피부로 느낀다' '감촉이 다르다' '살을 부비다' '살을 맞대고 살다', 피붙이, 살붙이 등등, 피부(살)란 말이 자주 사용되는 것은 왜일까?

식욕은 먹는 것에 의해, 성욕은 이성과 섹스하는 것에 의해, 그리고 집단 욕구는 무리 짓는 것에 의해 각각 충족된다. 여기서 무리 짓는다는 것은 그저 모여드는 것이 아니라 모여서 서로 간에 마음을 교류하는 것이다. 우리 인간은 마음을 교류할 때 시각이나 청각을 중요한 매개로 삼는다. 특히 말이나 문자를 발명한 다음부터는 그것을 활용하여 더 섬세한 인간관계를 만들어 집단욕을 충족시키고 있다.

그런데 눈도 보이지 않고 귀도 들리지 않고 말도 못하는, 이제 막 태어난 아기 또한 젖을 먹고 싶어 하는 식욕만큼이나 집단욕의 충족을 필요로 한다. 아기는 젖을 먹으면 육체의 영양은 보장되지만, 만약, 집단욕이 충족되지 않는다면 정신의 영양실조를 일으킬 수 있다. 집단욕의 충족을 보장받지 못한 아기는 정서적으로 불안정해지며 이후 성격이 비뚤어지거나 나쁜 길로 들어서게 되기 쉽다. 소년 비행의 원인은 인격적 요인과 환경적 요인이 서로 뒤얽혀 있는데, 특히 기능적 결손가정에서의 성장이라는 환경적 요인이 큰 영향을 준다고 한다. 가정에서 충족받지 못한 집단 욕구를 충족하기 위해 가정 바깥의 무리 속에서 집단욕을 충족하려고 하다가 비행의 길로 빠지게 된다는 것이다.

그럼 도대체 아기의 집단욕은 어떤 수단으로 충족될 수 있을까. 집단욕을 충족시켜주는 가장 기본적, 효과적인 수단은 피부나 점막의 압박, 즉 피부의 접촉, 스킨십이다. 피부의 접촉이 백만 마디 말이나, 현란한 시각적인 방법보다 더 효과적이고 튼튼하게 마음의 연대를 만들어준다는 것은, 일상의 생활 체험으로도 알 수 있다.

의식이 불분명한 위중한 환자와 어떻게 해서든 마음을 통하고 싶을 때, 우리는 부지중에 병자의 손을 꼭 쥐거나 팔이나 다리를 쓰다듬는 행동을 한다.

그렇다면 피부나 점막은 어떻게 이러한 효과를 갖게 되었을까. 개체 발생 초기에 외배엽外胚葉의 일부는 피부나 점막이 되고 또 일부는 신경관이 되어 뇌·척수를 중추로 한 신경계로 분화한다. 이처럼 피부나 점막이 신경계와 같은 기원을 갖는다는 데에서 그러한 효과가 유래하는 것이 아닐까 생각된다.

그런 점에서 아기를 키우는 데에 스킨십이 중요하다는 것은 말할 것도 없는 사실이다. 젖을 빨게 할 때의 피부의 접촉, 안거나 업거나 할 때의 피부의 압박을 통해 아기의 마음은 어머니 안에 녹아들어가 편안한 마음으로 커갈 수 있다.

맞벌이가 많은 아파트 단지에는 손가락을 빠는 아기가 많다고 한다. 그러한 행위는 성욕이 충족되지 않을 때의 자위행위와 마찬가지로 일종의 대상代償 행위이다. 직업을 가진 부모가 아기를 어린이집이나 시설에만 맡겨놓으면 스킨십이 부족해지기 쉽고, 그러다가 소위 호스피탈리즘hospitalism에 의한 정신 이상이 일어날 수도 있다. 스킨십이 결핍된 아기는 무표정, 무기력해지거나 도피적으로 되고, 말에 대한 이해력은 갖게 되지만 생각을 말로 표현하는 능력의 발달은 지체된다. 성격도 공격적으로 되며 쉽게 흥분하고 행동도 통제가 안 되게 된다. 한번 이런 비정상적인 성격에 빠지게 되면, 좀처럼 바뀌지 않는다고 한다. 그런 점에서 부모의 애정은 무엇보다도 피부를 통한 접촉을 통해 표현되어야 할 것이다.

아기에게 좋은 성격을 갖게 하는 데에서도, 아이를 교육하는 데에서도, 가르치는 부모와 가르침을 받는 아기 사이에서,

교육을 받는 아이와 가르치는 교사 사이에서, 마음의 연대는 무엇보다도 중요하다. 그래서 말을 해도 잘 알아듣지 못하는 초등 저학년 아이들을 가르칠 때에는 특히 자주 품에 안아주어야 한다. 지적 장애아의 교육은 기본적으로 안아주고 뺨을 부비면서 하는 교육이라고 한다. 중증 소아자폐증인 아이도 부서질 정도로 꼭 끌어안아주면 이쪽으로 얼굴을 돌려 쳐다본다고 한다. 말의 기교만으로는 아이들을 제대로 교육할 수 없다.

냉혹함을 느끼게 하는 기계 문명, 그리고 개인주의가 팽배한 현대사회에서는 사람들 사이의 관계가 자칫 소원해지기 십상이다. 그래서 사람들 사이에 마음과 마음을 묶어주기 위해서는 더 많은 노력을 해야 한다. 물론 이때에도 스킨십이 큰 역할을 할 것이다. 스킨십, 즉 피부의 접촉은 논리를 따지지 않고 직접적으로 마음의 연대를 만들어주는 효과가 있다. 그 점에서는 악수, 뺨 비비기, 입 맞추기 등 서양류의 직접접인 접촉의 방식은 동양류의 간접식보다도 더 효과적이라고 할 수 있을 것이다. 물론 우리 동양인은 피부 바깥으로도 마음의 분위기를 떠돌게 하고 있는 특성이 있기 때문에, 간접적 방식으로도 마음의 유대를 만드는 면이 있을 수는 있다. '옷깃만 스쳐도 인연'이라는 동양의 말이 있듯이 동서양의 정신 구조에는 풍토의 차이에 따른 차이가 있을 수 있는 것이다.

개나 고양이나 원숭이 등의 행동을 보면, 동물 또한 스킨십을 이용하여 집단욕을 충족하고 있다는 것을 알 수 있다. 시궁쥐의 격리 실험(11장 「인간은 어떻게 함께 사는가」 참조)에서, 격리시킨 쥐의 피부를 하루에 5~10초간 만져주면 격리에서 오는 충격이 훨씬 약해진다. 원숭이 한 마리를 무리에서 떼어내 혼자서 키우면 행동거지가 불안정해지며 자기 몸의 털을 자꾸만 뽑는다고 한다. 서로 털을 다듬으며 대화를 나눌 상대가 없기 때문에 스스로 자신의 털을 뽑음으로써 대상적으로 집단욕을 충족시키려 드는 것이라고 할 수 있다.

동물을 조련할 때 먹이를 가지고 조건반사 수법으로 훈련을 하는데, 그러한 훈련을 할 때에도 훈련하는 사람과 훈련받는 동물 사이에 마음의 교류가 필요하다. 이럴 때에는 피부의 접촉 말고는 달리 방법이 없다. 신경질적이고 사나운 고릴라의 새끼 세 마리를 6년간 훈련하여 세계에서 처음으로 여러 가지 곡예를 시키는 데에 성공한 나고야의 히가시야마 동물원의 사육 담당인 아사이 리키조 씨는 "나와 고릴라 사이의 공용어는 피부의 접촉이다"라고 말했다. 그토록 영리한 돌고래도 스킨십이 없으면 좀처럼 곡예를 익히지 않는다고 한다.

동물조련사에게만 스킨십이 필요한 게 아니다. 집에서 개나 고양이를 키울 때에도 애정을 표현하는 데에는 안거나 쓰다듬거나 하는 스킨십 말고는 방법이 없으며, 동물도 역시 우리에게 몸을 비비거나 입으로 가볍게 물거나 해서 애정을 표시한다.

늑대 소녀를 데려다 인간으로 키우려고 교육을 시작한 싱그 부인이 소녀의 팔과 다리를 잘 움직이게 할 목적으로 매일 마사지를 해주었는데, 이 마사지는 실은 소녀의 근육을 부드럽게 하는 것보다도 소녀의 경계심과 공포심을 푸는 효과 쪽이 더 컸다. 늑대 소녀는 그 마사지를 받으면서 싱그 부인에게 애정을 표시하고 부인을 신뢰하게 됐다고 한다.

대뇌변연계에서 관장하는 집단욕을 충족하는 데에는 상대가 누구든 상관없다. 즉 접촉하는 피부는 누구의 피부라도 좋다. 이때에는 상대의 인격을 따지지 않고 마음의 동체화, 마음의 연대를 도모하려 하는 것이다.

이에 비해 신피질계에서 유래하는 고독감은 몰인격적인 피부의 접촉으로는 치유할 수 없다. 이때의 고독감이란 상대를 인격자로서 인정하면서, 피차 독립된 개체로서 서로의 마음을 잇는 방법을 모색하기 때문이다. 세간의 사랑이라는 말은 이런 행위를 표현하는 것이라고 할 수 있지 않을까.

그 행위는 피부의 접촉이 아니라 피차 독립된 개체인 자신을 의탁할 수 있는 말이나 글, 혹은, 그보다 더 고차원적인 수단에 의해 비로소 달성된다. 말이나 글보다도 고차원적인 수단은 무엇일까. 그것은 '눈은 입만큼 말을 한다'고 하는 글귀나, '신은 두 눈에 있고, 정은 웃는 얼굴에 있다'고 하는 글귀가 단적으로 말하고 있는 것처럼, 눈, 즉 시선 혹은 눈길일지도 모른다.

길에서 지나치는 사람과는 시선이 마주쳐도 이렇다 할 마음의 동요가 일어나지 않지만, 연인이나 논적이나 친구 등, 인격 있는 상대로 인정하는 상대의 눈과 마주치면 이합집산하는 마음의 불꽃이 서로에게 날아가게 된다. 하루 중, 정말로 눈과 눈을 마주치는 상대가 몇 명이나 있을까. 그리고 또, 우리는 상대에게 얼마 동안이나 시선을 맞추며 사는 것일까.

서로 좀 더 노력하여 상대의 시선을 외면하지 말고 눈과 눈에 의한 마음의 연대를 만들기 위한 노력이 필요하다. 하시만 그러려면 먼저 피부의 접촉에 의한 무인격적인 마음의 동체화가 필요하다. 상대의 눈동자를 빨려들듯이 바라보면서 사랑을 속삭이는 연인이라 해도 조용히 눈을 감고 키스를 하는 것을 잊지는 않는다. 아이를 가르치려면 품에 안는 것은 물론이요, 동시에 눈길을 줘야 한다고 한다. 체험에서 배어나온 교육자의 말이다.

13. 인간은 왜 화를 내는가

　북유럽을 여행할 때는 오슬로 교외에 위치한 비겔란 조각공원을 반드시 방문한다. 그리고 거기의 다리 난간에 마주 서 있는 남자아이와 여자아이의 상―온몸에서 유쾌한 기분이 용솟음치는 것 같은 소녀와, 온몸이 분노의 덩어리같이 되어 있는 소년(그림 13)을 바라본다.

　동물, 인간의 아기, 그리고 우리 어른들 모두 이와 같은 유쾌한 마음(쾌감)과 그 반대인 불쾌한 마음(불쾌감), 그리고 분노의 마음과 그 반대인 두려워하는 마음을 갖고 있다. 이러한 마음을 정동(情動, emotion)이라고 한다.

　우리 인간은 대뇌변연계에서 영위되는 본능의 욕구에 따라 '강인하게' 살아가려고 하지만, 한정된 식량, 한정된 이성異性, 한정된 상대라는 조건하에 있기 때문에 서로 빼앗고 빼앗기는

그림 13. 비겔란 조각공원의 어린이 상

일이 벌어지는 것은 필연이다. 이렇게 서로 빼앗고 빼앗기는 사태 앞에서 우리는 강한 자세로 버텨야 한다. 우리로 하여금 강한 자세를 취하게 해서 본능의 욕구를 충족할 수 있게 하는 것이 대뇌변연계에서 생겨나는 정동의 마음이다.

본능의 욕구가 충족되지 않을 때 우리는 불쾌감을 느끼고, 충족되면 쾌감을 느낀다. 우리는 불쾌감을 피하고 쾌감을 추구하려 한다. 그래도 충족되지 않으면 불쾌감이 쌓여 분노의 마음이 일어나 상대를 위협하고 공격하여 다투게 된다. 이것은 집단 속에서 '강인하게' 살아가고자 하는 데에 반드시 따라오는 생존경쟁이다.

그런데 그 행동이 대뇌변연계에서 조종되는 한은 같은 종족 간에 다툴 때 최후까지 싸워서 상대를 때려눕혀버리는 일은 결코 일어나지 않는다. 서로 대치하고 있을 때, 혹은 드잡이를 하고 있을 때에 대뇌변연계는 즉시 상대의 마음속의 움직임과 역량을 확인하여 상대가 벅차다고 판단하면, 꼬리를 말고 두려운 마음을 품고 물러난다. 이때 강한 자는 약한 자를 추격해서 숨통을 끊어놓는 일은 결코 하지 않는다.

이와 같이 대뇌변연계에서 조정되는 동물의 투쟁은, 순위를 정하는 토너먼트와 같은 것이다. 그리고 동물은 정해진 순위에 안주하고 정해진 영역을 순순히 지킨다. 그렇지 않았다면 이 지구상에서는 벌써 옛날에 온갖 맹수는 절멸했을 것이며, 쥐도 고양이도 모습을 감췄을 것이다. 그런데 사자도 호랑이도 쥐도 고양이도 모두 생존해 있다. 그것은 자기 뜻대로만은 되지 않는 집단의 생활 속에서 냉엄한 생존경쟁에서 살아남아 개체와 종족의 보전을 도모하기 위해서는, 일단은 분노를 발하지만 상대가 어떠냐에 따라서 두려운 마음을 갖게 되고, 그것을 서로가 인정한다고 하는 브레이크의 메커니즘이 있기 때문이다.

이와 같은 정동의 마음은 대뇌변연계에서 만들어지고, 그것이 정동 행동으로 구현된다는 것이 동물실험에서 증명되었다. 또한 우리 인간의 뇌에도 그와 같은 메커니즘이 작동하고 있다는 것이 확인되고 있다.

동물의 쾌감과 불쾌감의 메커니즘을 조사하는 데에 사용하는 자기 자극법이라는 교묘한 실험 방법이 있다. 쥐의 대뇌변연계 여러 부위에 전극을 미리 심어둔 다음 쥐가 상자 안의 벽에 설치된 레버를 누르면 0.5초쯤 전극에 전류가 통하게 해놓는다. 스스로 자신의 뇌를 자극하는 장치인데, 쥐는 자극에 의해 유발된 마음에 이끌려 행동을 하게 된다.

이 자기 자극법의 실험에서 실험쥐는 자극받는 대뇌변연계의 부위에 따라 끊임없이 레버 누르기를 하는 경우와 한두 번 누른 다음에는 다시는 누르지 않게 되는 경우가 있다는 것이 관찰되었다. 전자의 경우는 전기 자극이 쾌감(보수)을 일으키고, 후자의 경우는 불쾌감(벌)을 일으키기 때문이라고 추정할 수 있다. 말하자면 쥐의 뇌 안에는 '천국과 지옥'이 함께 있는 것이다. 우리 인간의 대뇌변연계에도 역시 전기 자극에 의해 쾌감이나 불쾌감을 일으키는 부위가 있다는 것이 보고되고 있다.

화내거나 두려워하는 정동의 마음과 그에 따르는 정동 행동도 대뇌변연계에서 관장한다는 사실을, 역시 전기 자극에 의한 동물실험으로 증명할 수 있다. 예를 들어 고양이한테 화나는 마음을 일으키는 부위에 전극을 심고 전기 자극을 하면, 얌전하게 있던 고양이가 갑자기 굉장한 분노의 행동을 한다. 그

그림 14. 고양이가 두려워할 때의 상태

리고 전류를 끊으면 언제 그랬냐는 듯이 분노를 즉시 가라앉힌다. 이것은 특별히 화낼 원인이 있었던 것이 아닌 '이유 없는 분노'라서 '겉보기 분노'라고 불렀다.

「그림 14」의 왼쪽은 다윈의 『인간과 동물의 감정 표현에 대하여』에 실려 있는 두려워하는 고양이의 상태를 그린 것이다. 오른쪽은 전기 자극에 의해 '겉보기의 두려움'의 상태에 빠진 고양이를 찍은 사진인데, 다윈의 그림과 거의 같다. 이와 같이 '겉보기의 분노'나 '겉보기의 두려움'은 닭에게도 전기 자극에 의해 선명하게 일으킬 수 있다.

우리 인간의 대뇌변연계에도 분노나 두려움의 정동의 마음과 그에 따른 정동 행동을 일으키는 메커니즘이 있다는 사실이 알려져 있다. 따라서 광포성 환자의 뇌에서 분노를 일으키는 부위를 파괴하는 외과적 수술이 가능하며, 또 실제로 실행되어 효과를 거두고 있다.

분노를 일으키는 메커니즘과, 두려움을 일으키는 메커니즘은 대뇌변연계 안에서 서로 상당히 근접한 부위에서 관장하고 있으므로, 분노와 두려움이 섞이지 않은 순수한 형태의 분노와 순수한 형태의 두려움의 행동을 전기 자극을 이용하여 일으키는 것은 그리 쉬운 일이 아니다.

분노와 두려움의 마음이 동시에 일어나는 것은 동물의 행동에서 종종 볼 수 있으며, 이것을 전이 행동轉移行動이라고 한다. 이때에는 상반하는 마음이 격렬하게 갈등하기 때문에 상황에 맞지 않는 전혀 빗나간 기묘한 행동을 한다. 예를 들어 싸움에서 대치하고 있는 고릴라가 갑자기 뭘 먹거나 몸을 긁거나 하품을 하거나 한다. 우리 인간 역시 일상 행동을 자세하게 분석해 보면 이와 비슷한 행동을 하고 있을지도 모른다.

전기 자극으로 유발되는 쾌감, 불쾌감, '겉보기의 분노' '겉보기의 두려움'은 어느 것이든 지극히 기계적이고 천편일률적인 성질을 갖고 있으며, 우리가 일상생활에서 흔히 체험하는 것 같은 복잡미묘한 색깔은 없다. 왜일까.

정동의 마음을 구현하는 정동 행동의 기본적 패턴은 뇌간·척수계에서 그 얼개가 짜여 있다. 즉 대뇌변연계에서 정동의 마음이 일어나면 그것이 뇌간 척수계를 거쳐 정동 행동이 되어 나타나는 것이다. 이처럼 정동 행동이 대뇌변연계에서 조정될 때는 기계적이고 단순한 행동으로서 구현되는 특징을 갖는다. 아기나 동물의 정동 행동에서 그러한 특징이 보이는 것도 아기나 동물은 정동 행동이 대뇌변연계에서 기본적으로 결정되기 때문이다.

그런데 우리 어른들의 행동은 발달한 신피질계에서 관장하는 정신에 유도되기 때문에 쾌나 불쾌의 감정을 느낄 때의 감정이나 행동이 복잡미묘하다. 신피질계의 복잡미묘함이 작용하여 원래는 기계적이고 단순했어야 할 정동 행동이 영향을 받는 것이다. 그러므로 이와 같은 경우에는 진짜 정동 행동이라고는 할 수 없다.

정동 행동은 '주먹을 쥔다'든가 '발을 구르며 화를 낸다'와 같은 외형적인 운동 동작에 의해서만 연출되는 것은 아니다. '손에 땀을 쥔다' '얼굴색을 붉히며 화를 낸다' '핏대를 세우고 나무란다'와 같이, 자율신경계가 다채로운 형태로 참가하게 된다는 것은 일상에서 늘 체험하는 일들이다.

말하자면, 쾌감은 평화로운 도원경의 상징이지만, 불쾌감, 분노, 두려움은 전시 체제의 마음가짐이다. 따라서 자율신경계 중에서도 전시 체제용의 교감신경이 동원되어, 심장 고동이 격렬해지거나 혈압이 오르거나 동공이 열리거나 혈관이 수축하

거나 소화액이 적게 나오게 되거나 화가 머리끝까지 치밀거나,
하는 등의 다채로운 전투의 두루마리가 펼쳐진다.

14. 인간은 어떻게 느끼는가

덴쇼天正시대(1573~1591)의 일. 오다 노부나가 세력의 공격으로 불태워진 가이甲斐*의 사찰, 에린지惠林寺의 선승 가이센이 "심두멸각心頭滅却하면 불 속도 시원하구나" 하고 외치면서 불 속으로 뛰어들었다는 것은 유명한 이야기이다.

지금도 이와 비슷한 장렬한 행위를 볼 수 있다. 찌르는 듯한 찬 바람 속에서도 패션을 위해서라면 짧고 얇은 옷차림을 마다하지 않는 젊은이들이나 추위 속에서도 폭포 아래 서서 찬물을 받아내는 수행자는 그렇다 치고, 항의를 위한 분신자살은 처참 그 자체다. 이들이 이럴 수 있는 것은 차가움이나 뜨거움

---

* 일본의 옛 지명으로 지금의 야마나시현. 일본 전국시대 때 다케다씨의 본거지였다.

이나 통증의 감각이 둔해서가 아니라, '무엇보다 스타일 제일' 이라는 가련한 바람이나 소원 성취, 철저항전이라는 불굴의 의지력으로 온갖 감각을 억압해버렸기 때문이다.

감각이란 원래 우리가 '유효적절하게' 그리고 '더 잘' 살아가기 위해 외부 세계에서 되도록 정확한, 그리고 많은 정보를 받아들일 목적으로 있는 것인데, 그것이 억압되는 것은 어째서일까. 그 이유를 알아보기 위해 우선, 감각의 메커니즘, 그리고 그에 기초한 지각이나 인식의 메커니즘에 대해서 서술하고, 나아가 그것들이 억압되는 메커니즘에 대해서도 설명해보도록 하자.

우리 인간의 통합의 자리인 신피질, 변연피질, 그리고 뇌간은 눈, 귀, 혀, 코, 피부, 근육, 내장벽 등에 있는 각각 대응 범위가 다른 감각기(수용기)에서 보내지는 감각의 신호를 받아서 통합 작용의 재료로 삼는다(그림 15). 신피질의 여러 감각 영역에 보내진 신호는 접촉했다는 느낌, 따뜻하다는 느낌, 달다는 느낌, 소리가 들렸다는 느낌, 보였다는 느낌을 일으키고, 변연피질에 보내진 신호는 냄새의 느낌, 공복의 느낌, 이성에 대한 그리움의 느낌을 일으킨다. 그리고 이들 신호는 주로 외부 환경의 변화를 감지하는 감각기에서 보내지는 것들이다.

이에 비해 뇌간(척수를 포함하여)에 보내지는 신호는 주로 내부 환경의 변화를 감지하는 감각기(근육이나 내장벽에 있는

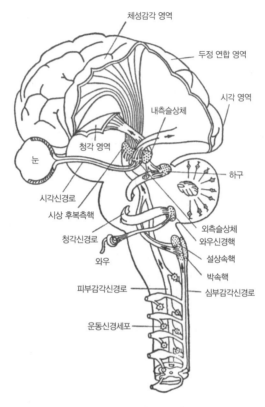

체성감각 영역

두정 연합 영역

시각 영역

내측슬상체

시각 영역

청각 영역

눈

하구

시각신경로

시상 후복측핵

외측슬상체

와우신경핵

청각신경로

설상속핵

와우

박속핵

피부감각신경로

심부감각신경로

운동신경세포

그림 15. 감각신경로

수용기)에서 보내지는 것으로, 보통은 우리의 의식에는 올라
오지 않는, 즉 우리가 의식하지 못하는 '소리 없는 소리'이다.
감각기가 넓은 범위에 퍼져 있는 통증의 느낌은 간뇌間腦에서
일어나는 게 아닐까 하는 의견이 있는데, 분명하지 않다.

신피질의 감각 영역에서는 각종의 감각에 대하여 해당 감각에 대응하는 신경세포들이 일정 영역에 따로따로 밀집되어 존재하는 것을 뚜렷이 관찰할 수 있다. 시각 영역을 보면 우리가 사물을 주시할 때에 시선이 모이는 망막의 중심부(중심와中心窩)에 대응하는 영역이 매우 넓다. 피부감각을 관장하는 체성감각 영역에서는 신체의 각 부위에 대응하는 영역에 해당하는 신경세포들이 따로따로 밀집하여 존재하는 것이 보인다(125쪽「그림 16」참조). 이 중 손가락이나 얼굴이나 입 등의 감각을 관장하는 신경세포의 수가 매우 많은데, 그 때문에 그들 부위의 감각은 특히 예민하다. 통증을 느끼는 방식도 마찬가지이다.

좌우의 체성감각 영역은 각각 신체의 반대편 감각기에서 보내지는 신호를 받아들인다. 그러나 시각이나 청각의 감각신경로는 뇌간腦幹에서 양측 경로 사이에 섬유연락纖維連絡이 있고, 좌우의 신피질 사이에도 뇌량을 통한 긴밀한 섬유연락이 이루어지고 있어서, 손의 운동에서 왼손잡이 오른손잡이가 구분되는 것처럼 왼쪽 귀나 오른쪽 귀 어느 한쪽이 특별히 더 잘 들리거나 특별히 더 잘 보이는 눈도 없고, 또, 감각에 대해서도 좌뇌가 더 잘 느낀다든가 우뇌가 더 잘 느낀다든가 하는 일은 없다. 감각을 더 잘 쓰는 뇌는 없다는 것이다. 또한, 좌우 양쪽에 감각기가 있고 양쪽 신피질의 감각 영역 사이에 기능적 연락이 있기 때문에, 원근이나 입체를 감각하는 것이 가능하다.

감각은 동물의 생활양식에 따라 발달하는 양상이 매우 다르다. 물고기처럼 물속에서 생활하는 동물은 신체 표면에 미각이 분포되어 있지만, 육지에서 생활하는 동물은 신체 표면에는 피부감각이 발달하고, 미각은 음식물이 드나드는 입구인 입안에만 발달한다. 또한 일반적으로 말해서 다른 육상동물은 후각이 발달한 데 비해, 우리 인간은 시각이 잘 발달되어 있다. 후각은 대뇌변연계의 정보원이고, 시각은 신피질계의 정보원이라는 차이에 따른 것이다.

우리 인간은 신피질인 두정·후두 연합 영역과 측두엽이 훌륭하게 발달되어 있기 때문에, 감각 영역에서 감각으로서 받아들인 것을 측두엽의 기억의 메커니즘을 발판으로 삼아 지각하고, 이해하고, 인식하는, 즉, 정보를 처리하는 것이 가능하다. 구체적으로 말하면, 기억에 기반하여 손에 접촉한 것이 볼펜이라고 지각할 수 있고, 귀에 들린 음성이 친구가 한 말이라고 이해할 수 있으며, 눈에 보인 도형이 엘 그레코의 그림이라고 인식할 수 있는 훌륭한 하드웨어로서 작동하고 있는 것이다.

지능이라는 말은 여러 의미로 사용되고 있다. 일반적으로 지능지수 검사로 측정되는 지능은 하드웨어로 영위되는 이해나 인식의 능력이다. 따라서 그러한 지능이라면 동물 또한 가지고 있다고 말할 수 있다. 그러나 지능을 새로운 환경에 대한 적응 능력이라고 정의하면, 이때 말하는 지능은 의욕적·창조적인 정신 활동을 기대하는 것으로서, 당연히 소프트웨어인 전두 연합 영역의 작동 능력을 의미한다. '좋은 머리'란 무엇보다도 이러한 창조적인 정신 활동의 지능을 말하는 것이라 하겠다.

지각, 이해, 인식이라는 정보 처리 작용이 영위되는 두정·후두 연합 영역이 망가지면 여러 가지 종류의 인식 소실(실인失認) 상태가 일어난다. 예를 들어 피부에 물건이 닿는 것은 느끼지만 닿은 물건이 무엇인지는 눈으로 보지 않으면 알 수 없게 된다거나, 물건이 보이기는 하지만 그 물건이 무엇인지를 알 수 없게 된다거나 하는 것이다. 지금까지 읽을 수 있던 글자를 못 읽게 되어(실독증) 눈 뜬 시각장애자가 되기도 하고, 또, 들리는 말의 의미를 알 수 없게 되어(실어증) 소리가 들리는 청각장애자가 되기도 한다. 더욱 복잡한 것은 신체 실인의 상태로, 자신의 몸이 공간에서 어떤 위치를 차지하고 있는지를 알 수 없게 되거나, 머리나 손이 어디에 있는지를 모르게 되기도 한다.

오른손잡이의 사람에게서는 이와 같은 대부분의 정보 처리 메커니즘이 왼쪽 대뇌반구에서 이루어진다고 한다. 다만 공간 인식의 메커니즘만큼은 오른쪽 대뇌반구에 있는 것으로 알려져 있다.

우리 인간의 신피질 하드웨어 즉 정보 처리와 운동 발현을 담당하는 영역은 소프트웨어에 의해 그 능력이 발휘될 수 있으며, 우리의 뇌에서 소프트웨어의 작용을 하는 것은 이미 서술했듯이 전두엽의 앞부분인 전두 연합 영역이다. 더구나 이 전두 연합 영역은 신피질 하드웨어에 대해 프로그램을 짜서 작동시키는 일만 하는 것이 아니라, 말초감각신경로에까지 작용하여 감각신경로에서 보내오는 감각 신호를 도중에 저지하기도 한다. 마음먹기에 따라서 춥다는 느낌을 약화시키거나 의지의 힘으로 더위를 느끼지 않을 수 있거나 하는 비밀은 전두 연합 영역의 억제 작용에 의한 것이다.

우리는 한 번에 여러 가지 것에 주의를 집중할 수 없고, 그렇기 때문에 소용돌이처럼 밀려오는 여러 가지 감각 자극 중에서 특정 종류의 자극만을 감지하게 된다. 상대에게 반해서 넋을 잃고 보고 있으면 이야기를 듣는 것이 부주의해지는 것도 그 때문이고, 전철의 떠들썩한 소음 속에서 친구와 이야기를 나눌 수 있는 것도 그 때문이다. 이것은 신피질 감각 영역 사이의 상호 억제 메커니즘이나 전두 연합 영역에서 작용하는 교통정리의 메커니즘에 의한 것이다.

이처럼 '유효적절하게' 그리고 '더 잘' 살아가기 위해서 '봐도 못 본 척, 들어도 못 들은 척'하는 재주는 컴퓨터가 할 수 없는 일이다.

15. 인간은 어떻게 움직이는가

『우키요부로浮世風呂』[*]라는 해학소설에, 악바리로 불리는 수다쟁이 요릿집 안주인이 "난 입도 달인 손도 달인이야"라고 큰소리치는 구절이 있다.

우리 인간은 다른 동물과 달리 손을 자유로이 사용하고 풍부한 표정을 지으며 말을 유창하게 할 수 있다. 그런 점에서 손 달인, 입 달인은 우리 인간에게 부여된 인간성의 대명사라 할 수 있을 것이다.

침팬지는 손을 자유로이 사용하지만 하나하나의 손가락을 사용해서 키를 두드리는 재주는 없다. 그 대신에 발은 꽤 능숙

---

[*] 1809~1813년 간행된 익살을 중심으로 엮은 통속소설.

하게 사용한다. 능숙하다는 것은 스스로 이렇게 하자고 생각한 운동 동작을 생각한 대로, 틀림없이, 민첩하게 할 수 있다는 뜻이다.

도대체 우리 인간이 손을 쓸 때나 침팬지가 발을 쓸 때 보여주는 훌륭한 기량과, 아기가 손발을 움직일 때 버둥거리며 움직이는 것밖에 못하는 그 요령부득의 차이는 어디에서 오는 것일까.

그것은 손과 발의 뼈의 형태나 연결 방법, 뼈에 붙어 있는 근육의 형태나 수 등과도 큰 관계가 있지만, 뭐니 뭐니 해도, 그 근육들에게 운동 명령을 보내는 신경계*가 아기에게는 아직 갖춰져 있지 않다는 차이에 있다고 할 수 있다. 물론 여기서 말하는 신경계의 중심부는 뇌이다.

물리학자 데라다 도라히코寺田寅彦의 수필에 다음과 같은 구절이 있다.

우리는 지네의 다리를 보고 경탄하지만, 실은 만년필을 잡고 이렇게 글을 쓰는 동작을 아무렇지도 않게 해낼 수 있는 것이야말로 정말로 놀랍고 경탄할 일이다.

---

* 신경계는 뇌와 척수로 구성된 중추신경계와 그 외의 말초신경계로 구성되어 있다.

지네가 저렇게 많은 다리를 뒤엉키게 하지 않고 정연히 움직이고 있는 것을 감탄하며 보는 우리 인간의 일거수일투족쪽이, 겉보기로는 매우 쉬운 것 같아도, 그것을 가능하게 하는 메커니즘은 훨씬 정교하다는 이야기다.

눈앞에 있는 테이블 위의 컵을 집어 들어 물을 마시는 동작을 생각해보자. 우선 컵으로 물을 마시려는 의지 결정(의도)을 하고, 그 의지에 따라서 운동을 관장하는 뇌세포가 손을 움직이게 하는 명령을 운동신경을 통해서 근육으로 보낸다. 그 결과, 근육이 수축, 이완하면서 손으로 물을 마시는 동작을 하는 것이다. 그리고 보통은 눈앞의 컵을 일단 한번 보면 그다음은 눈을 감고서도 그 컵을 집어 들어 물을 흘리지 않고 마실 수 있다.

이와 같이 생각한 대로 동작을 할 수 있는 것(수의운동 隨意運動)은 감각기에서 피드백되는 정보에 의해 각 단계의 동작이 계속해서 체크되고 수정되면서 명령이 내보내지고 있기 때문이다. 눈이나 피부로부터 오는 감각 정보도 크게 관계하고 있지만, 가장 중요한 역할을 하고 있는 것은, 근육 속에 있는 근방추 筋紡錘라는 장력을 감지하는 감각기나, 건 腱*이나 관절에

---

* 골격근을 뼈에 붙이는 조직.

있는 장력이나 압력을 감지하는 감각기로부터 '소리 없는 소리'로서 피드백되고 있는 정보이다.

감각 정보가 피드백되는 메커니즘은 우주선이 궤도 수정을 할 때의 피드백 메커니즘과 같다고 할 수 있다. 우주선은 정교한 전자계산기에 의해 정보를 처리하면서 궤도 수정 조작을 실행한다. 우리 인간의 신경계에서는 여러 부위에 반사적으로 작동되는 피드백 행동 수정의 메커니즘이 있는데, 그중에서도 특히 소뇌小腦가 전자계산기 센터와 같이 전체적인 조정, 통제를 하고 있다.

따라서 '소리 없는 소리'를 보내는 감각신경로가 절단되면, 정도가 다른 다양한 운동장애(운동실조)가 나타나게 되며, 특히 소뇌가 망가지면 자세를 잡는 일이나 운동을 하는 데에 현저한 장애가 일어나서, 눈으로 정보를 수정하고 있는데도, 동작을 생각대로 원활하게 할 수 없게 된다. 예를 들어 테이블 위의 컵이 좀처럼 손에 잡히지 않고, 잡아도 물이 흘러넘쳐서 입까지 가져갈 수 없게 된다.

이처럼 훌륭한 동작 기량은 피드백의 메커니즘이 얼마나 정교한가에 크게 의존하고 있다는 것을 알 수 있다. 그리고 훌륭한 운동 기량을 밑받침하는 또 하나의 요인은 대단히 많은 근육들이 서로 간에 기민하게 수축, 이완하면서 동작에 관여한다는 사실에 있는데, 이렇게 많은 근육들이 서로 밀접하게 작용할 수 있게 하는 메커니즘은 신피질 중에서 운동 발현의 자리인 중심구 전방의 전두엽에 위치한 (일차) 운동 영역primary motor region과 운동전 영역premotor region이다.

운동 명령은 주로 좌우 대뇌반구의 운동 영역에 있는 신경세포로부터 펼쳐져 나오는 신경섬유의 다발인 운동신경로를 통해 전달된다. 이 운동신경로를 추체로(錐体路, pyramidal tract)라고 하며, 그 대부분이 연수에서 좌우로 교차하여 척수로 내려간다. 그래서 좌반구의 운동 영역은 몸의 오른쪽을 통제하고 우반구의 운동 영역은 몸의 왼쪽을 통제하게 된다. 척수로 내려온 다음에는 척수의 전주(前柱, anterio horn)에 있는 운동신경세포의 중계를 통해 특정 위치의 골격근에 도달한다. 따라서 한쪽 대뇌반구에 출혈이 있거나 손상이 있어서 운동 영역의 신경세포나 추체로가 망가지면 반대쪽에 운동 마비가 일어나서 반신불수가 된다.

운동 영역에는 「그림 16」의 왼쪽에 표시되어 있는 것처럼 각각의 운동 부위에 대응한 영역들이 구분되어 분포하는 것을 관찰할 수 있다. 손이나 얼굴이나 입을 움직이는 근육으로 운동 명령을 보내는 영역은 다른 영역보다 더 넓다. 이것은 그만큼 신경세포가 많이 모여 있어서 다른 부위에 비해서 매우 섬세한 명령을 보낼 수 있다는 것을 의미한다. 이에 비하면 큰 근육이 있는 몸통이나 엉덩이의 운동을 지배하는 영역은 볼품없을 정도로 좁다. 인간이 입 달인, 손 달인인 것은 운동 영역의 분업지도가 이렇게 그려져 있기 때문이다.

운동 영역의 분업지도에 대응하는 영역이 「그림 16」의 하단 오른쪽에 표시되어 있듯이, 중심고랑central fissure의 후방,* 두정엽에 위치하는 체성감각 영역에 분포되어 있다는 것은 앞서 서술했다. 능숙하게 동작을 할 수 있으려면, 당연히 그에 대응할 만한 정보를 피드백해주어야 하므로 이처럼 운영 영역과 감각 영역이 서로 비슷한 크기로 대응하고 있는 것이다. 또한, 피드백에 의한 조정은 운동 영역이나 척수의 운동신경로motor pathways의 중계 장소에서 실행된다.

운동 명령을 보내는 신경로에 추체로 외에 추체외로extra-pyramidal tract라는 것이 있다. 추체외로는 운동 영역 전방에 위치한 운동전 영역, 대뇌핵(미상핵과 렌즈핵), 시상, 중간뇌 midbrain에 있는 적핵red nucleus,** 흑질substantia nigra,*** 망상체reticular formation 등, 운동에 관계가 있는 부위의 신경세포로부터 나와서, 각 부위 간에 신경섬유가 복잡하게 연락을 하면서 척수로 내려간다. 특히 소뇌에 있는 소뇌핵하고도 긴밀한

---

* 인간을 정면에서 봤을 때의 후방을 말한다.
** 중뇌의 정중선正中線의 양쪽에 있는 한 쌍의 불그스름한 큰 회백질의 덩이.
*** 중뇌의 피막을 대뇌각에서 분리하는 회백질층.

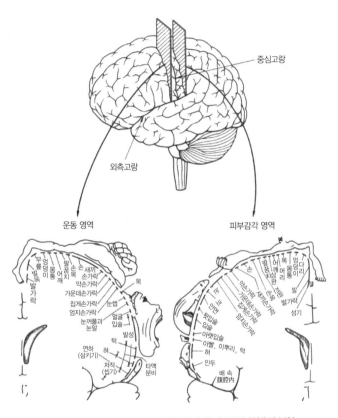

중심고랑

외측고랑

운동 영역

피부감각 영역

무릎
발목
몸통
엉덩이
어깨
팔꿈치
손목
손
새끼
손가락
약손가락
가운데손가락
집게손가락
엄지손가락
눈꺼풀과
눈알

발
가락

목
눈썹
얼굴
입술

발성
턱
혀

연하
(삼키기)
저작
(씹기)

타액
분비

엉덩이
다리
몸통
목
머리
어깨
팔꿈치
손목
손
새끼손가락
약손가락
가운데손가락
집게손가락
엄지손가락

발
발가락
성기

코
얼굴
윗입술
입술
아랫입술
이빨, 이뿌리, 턱
혀
인두

배 속
腹腔內

그림 16. 인간의 운동 영역과 체성감각 영역(피부감각 영역)의 분업
(W. Penfield)

관계를 갖고 있으며, 여기서 미묘한 피드백이 이루어진다.

추체외로는 근육의 긴장 상태를 통제한다. 이것은 인간이 보여주는 훌륭한 운동 기량과 직접적인 관계는 없지만, 의식적인 운동을 하는 데서 매우 중요한 역할을 한다. 그래서 추체외로의 어딘가에 장애가 일어나면 근육의 긴장이 비정상적으로 고조되거나 손이나 발이 떨리거나 하는, 소위 불수의운동이라는 병적 현상이 나타난다.

운동전 영역은 운동 영역의 신경세포가 운동 명령을 보내는 순서, 즉 운동 패턴을 만드는 작용을 하며, 의식적인 운동을 발현하기 위한 연합 영역으로서의 역할을 한다. 이 영역이 망가지면, 근육은 마비되어 있지 않지만, 생각대로 동작을 할 수 없게 된다. 이와 같은 병적 상태를 실행증失行症이라고 한다.

방금 태어난 아기의 운동은 뇌간·척수계에 갖춰져 있는 원시반사에 의해 영위된다. 그러다가 변연피질이나 신피질이 작동하기 시작하게 되면, 원시반사는 억제되고 그에 대신하여 수의운동, 즉 의식적인 운동을 할 수 있게 된다. 끊임없는 노력에 의해 여러 가지 운동 패턴들이 '예전에 닦은 솜씨'로서 운동전 영역에 만들어져간다. '기면 일어서라, 일어서면 걸어라 하는 부모 마음'에 답하기 위해 아기는 얼마만큼이나 노력을 할까. 이와 같은 아기의 노력이 풍성하게 열매 맺도록 하는 데에는 뇌간·척수계에 갖추어진 억압되어 있는 원시반사가 숨은 일

꾼의 역할을 한다.

오른손과 왼손은 기량에 차이가 있다. 나라에 따라서 다소 다른데, 일본에서 왼손잡이는 5~10%이다. 보통은 왼손잡이는 오른손잡이의 반대가 아니라 양손잡이인 경우가 많다.

아기일 때는 어느 손잡이인지 분명하지 않다가 6살 무렵이 되면 어느 쪽 손잡이인지가 결정된다. 오른손잡이가 되는 것은 왼쪽 대뇌반구의 운동 발현 기능이 오른쪽 대뇌반구의 그것보다 낫기 때문인데, 왼손잡이의 경우는 사안이 그렇게 간단하지 않다. 왼손잡이의 반수 이상에서 왼쪽 대뇌반구가 더 잘 작동하는 것으로 되어 있다.

어느 손잡이인가 하는 것은 상당 부분 유전하는 특성인데, 왜 오른손잡이가 많은가 하는 것에 대해서는 아직 설명이 되고 있지 않다. 왼손잡이인 사람의 뇌에 특별히 이상이 있는 것은 아니다. 미켈란젤로, 레오나르도 다빈치, 히다리 진고로,[*] 우메하라 류자부로[**] 등은 왼손잡이였다.

우리 인간은 손을 노동의 기관으로서만 아니라 표현이나 교섭의 기관으로서 활용한다. '손대중' '손가늠' '손보다' '손을 쓰다' '한 수 배운다' '수단手段이 좋다' '손부끄럽다' '손사래'

---

[*] 일본 중세시대의 전설적인 조각 장인.
[**] 일본의 서양화가.

등, 실로 독일 철학자 칸트I. Kant가 말했듯이, "손은 뇌 밖의 뇌이다".

16. 인간은 어떻게 기억하는가

1960년에 일본을 방문한 미국의 유명한 원자물리학자 로버트 오펜하이머가 오사카의 강연회에서 이렇게 말했다.

핵무기의 제조를 중지하거나 사용 금지를 결정할 수는 있지만, 더 중요한 것은 원자력의 지식을 잊는 것이다. 그러나 슬프게도 인간은 원자력에 대해서 무지했던 20년 전으로 돌아갈 수는 없다.

건망증이 심해졌다고 한탄하는 사람이 있는데, 그 반대로 잊고 싶으나 "잊을 수 없어서 망각을 맹세하는 마음의 슬픔이여" * 하고 한탄하는 사람들도 있다. 19세기 말에 독일의 심리학자 에빙하우스H. Ebbinghaus는 사람들에게 나열되어 있는 숫자를 기억하게 한 후, 시간이 지남에 따라 얼마나 잊어버리는지 조사하여 망각곡선을 만들었다. 이에 따르면 15분이 지나면 절반을 잊고 8시간 만에 3분의 2를 잊는데, 뒤로 갈수록 잊는 것이 느려지며 한 달 후에도 5분의 1은 기억해낸다.

전자계산기가 인공두뇌라고 불리게 된 것은 가감승제의 사칙연산밖에 못했던 기계가 기억 장치를 엮어 넣음으로써 정보 처리를 할 수 있게 되었기 때문이다. 그러나 우리 인간과 달리 전자계산기는 지금까지의 기억을 매우 손쉽게 '백지화'할 수 있다. 그렇게 하지 않으면 다음의 새로운 정보 처리를 할 수 없다.

기억이라는 정신 활동은 경험한 것을 인상으로서 새기고(＝기명[記銘, memorizing]) 그것을 보존하고(＝보지[保持, retention]) 필요에 따라 그대로의 모습으로 기억해내거나(상기, 재생, 회상recall) 혹은 정보 처리(재인, 인식recognition)를 위한 조합照合의 재료로서 사용하거나 하는 활동이다.

이에 비해서 망각이란 새겨진 인상이 보존할 수 없게 되거나 보존되어 있긴 하나 뭔가의 원인으로 기억해낼 수 없게 되거나 하는 현상이다. 보통은 어떤 경험에 뒤이어 강렬한 경험을 하게 되면 그 전에 한 경험의 기억이 흐려지게 된다.

---

* 기쿠타 가즈오의 라디오드라마 「너의 이름은」에 나온 내레이션.

기명, 보지되는 방법에도 여러 가지가 있다. 통으로 암기하는 기계적 기억과 이치를 따져 기억하는 논리적 기억이 구별되며, 단기 기억과 장기 기억이 서로 다르다. 나아가 소프트웨어를 작동시키는지 아닌지에 따라서 선택해서 기명하는가 선택 없이 기명하는가 하는 차이가 생긴다.

지렁이 같은 하등동물도 기억의 메커니즘을 가지고 있다고들 하나, 여기서는 우리 인간의 뇌에서 기억이 어떤 메커니즘에 의해 진행되는지 살펴보도록 하자.

측두엽과 변연피질(특히 고피질의 해마)이 기명과 상기와 관련하여 중요한 역할을 하고 있다는 사실이 임상의학의 관찰로 알려져 있다. 정신 운동 발작이라는 일종의 간질(뇌전증)은 과거의 체험을 생생하게 기억해내는 것(전조前兆)에서 시작되어 곧 의식이 없어지는 현상이다. 물론 본인은 발작에 대해서는 아무것도 기억하지 못한다. 발작의 원인은 측두엽에 발작파라는 비정상 뇌파가 퍼져서 측두엽의 작용이 상실되기 때문이며, 실제로 측두엽을 전기 자극하여 인공적으로 발작파를 일으켜도 같은 증상이 나타난다.

양측 해마가 망가졌기 때문에 일어나는 코르사코프증후군이라는 정신병이 있다. 오래된 기억은 그대로 남아 있는데 최근의 기억이 심하게 장애를 받는다. 비슷한 일이 쥐의 양측 해마를 손상시켜도 일어난다.

측두엽이 기억의 메커니즘과 관계가 있다는 것을 더 분명하게 보여주는 실험이 있다. 환자가 의식이 있는 상태에서 뇌를 수술할 때 측두엽의 서로 다른 부위에 전극을 대서 자극하는 실험을 한 결과, 환자가 서로 다른 부위를 자극하면 서로 다른 기억을 떠올린다는 사실이 확인되었다. 예를 들어 한 부위를 자극했을 때에 예전에 들은 적 있는 오케스트라가 들려왔고, 같은 부위를 자극하면 그때마다 같은 오케스트라가 들리는 식이었다.

플라톤의 『대화편』에 의하면 우리의 마음속에는 납蠟이 있어서 지각하거나 알아차린 것이 그것에 새겨진다고 되어 있다. 실제로는 우리의 뇌에서는 운동 동작에 관한 인상은 주로 운동전 영역에 운동의 패턴으로 기명되고, 인식과 관련된 인상은 주로 두정·후두 연합 영역에 촉각 상, 시각 상, 등으로 기명되고, 본능이나 정동에 관한 인상은 주로 변연피질에 기명된다.

측두엽이나 해마는 이들 인상을 기명하거나 상기할 때 방아쇠 같은 역할을 하는 것으로 여겨진다. 그리고 이 방아쇠는 전두 연합 영역의 명령에 의해 당겨진다는 것은 말할 것도 없다.

그럼 도대체 인간이 뭔가를 기억한다고 할 때의 기명은 신경세포의 레벨에서는 어떻게 처리되고 있는 것일까. 일단 기명된 인상에는 특정의 신경세포에 의해 만들어진 회로망이 대응한다고 생각할 수 있다. 그런데 이 회로망의 형성에 대해서는 시냅스의 수의 증가나 종말 단추terminal button의 팽대膨大나 시냅스의 전달 물질의 증가나 신경교세포glia cells의 관여 방식의 변화 등, 여러 가지 원인이 있다고 추정되고 있으며 아직 완전히 해명되지는 않았다.

　어느 쪽이든 간에 이와 같은 회로망의 형성에는 일정한 시간이 걸린다는 사실을 우리는 경험으로 알고 있으며 동물실험으로도 확인되어 있다. 교통사고 등으로 머리를 세게 부딪히면 사고 직전의 일이 기억에 남아 있지 않다는 사실은 잘 알려져 있다.[*] 또한 쥐에게 학습을 시킨 후, 전기 쇼크에 의한 간질 발작을 일으켜서 학습 효과가 어떠한 영향을 받는지를 조사해본 결과, 5분 후에 전기 쇼크를 주면 학습을 할 수 없지만, 1시간 후에 전기 쇼크를 주면 그것이 학습 효과에 영향을 미치지 않는다는 것이 보고되어 있다.

　최근에 유전 정보의 담당자로서 디옥시리보핵산DNA이나 리보핵산RNA의 역할이 부각되었는데, 이것을 계기로 스웨덴의 히덴H. Hydén은 RNA가 기억의 물질적 실체의 역할을 한다고 생각하게 되었다. 그런 생각 위에서 그는 자신이 개발한 초미량정량법의 기술을 사용하여 학습을 할 때,[**] 신경세포와

---

* 기억할 시간이 없었기 때문이다.
** 즉 새로운 기억을 생성시킬 때를 말한다.

신경교세포 사이에서 RNA의 양이 어떻게 변화하는가를 조사해보았다.

그 결과, 쥐에게 가는 철사를 기어오르게 해서 평형운동을 연습시키면, 평형 기능에 관계가 있는 뇌간의 외측 전정핵lateral vestibular nucleus에서 일정량의 RNA가 신경교세포에서 신경세포로 이동하고, 나아가 RNA의 구성 요소인 염기의 비가 변한다는 사실을 확인했다.

이 관찰에 기초하여 쥐에게 RNA를 주사하거나 RNA의 합성을 촉진하는 물질을 주면, 예상대로 학습 행동이 좋아지고, 반대로 RNA의 합성을 억제하는 물질을 주면 이미 학습한 것에는 영향이 없지만 새로이 학습하는 능력이 떨어진다는 것을 확인했다.

또, 쥐가 노화함에 따라서 RNA 양이 감소하는 것이 보이는데, 히덴은 사람은 어떠한가를 보기 위해 교통사고로 사망한 사람의 경추C_6의 운동신경세포 속의 RNA를 정량하여, RNA의 양이 나이와 함께 변화하고 50세가 피크라는 것을 밝혀냈다. 이에 힌트를 얻어 경미하게 치매가 나타난 노인에게 효모 RNA를 줘봤더니 기억력이 좋아지고 기분이 상쾌해졌다고 주장했다. 다만 이에 대해서는 부정적인 결과가 나와 있기도 하므로, 좀 더 연구가 필요하다.

비슷하게 한때 대단한 평판을 얻었던 편형동물 플라나리아

를 사용한 일련의 실험은 매우 매혹적이지만, 현재는 과학적 신빙성이 의심받고 있다.[*]

어찌됐건 핵산을 축으로 한 단백질 대사와 기억이 서로 깊은 관계가 있다는 것은 부정할 수 없는 사실이며, 앞으로 중요한 연구 과제임에는 변함없다. 그러나 신경세포의 구성 요소인 지질의 대사와 기억의 관계에 대해서도 우리는 결코 무관심해서는 안 된다.

프랑스의 작가 마르셀 프루스트의 대표작 『잃어버린 시간을

---

[*] 저자가 이 글을 쓰던 당시는 이중나선의 발견과 더불어 분자생물학의 광풍이 불고 있던 때이며, 따라서 다양한 생명 현상을 분자 수준의 작용으로 환원시키고자 하는 환원론이 팽배해 있었다. 기억에 대한 이론 역시 예외가 아니었다. 히덴은 기억이 RNA의 형태로 부호화될 수 있고, 서로 다른 학습은 서로 다른 종류의 RNA를 만들 것이라고 생각했다. 기억의 내용이 물질, 여기서는 RNA 속에 저장된다고 하는 기억물질론이라고 할 수 있다. 플렉스너Flexner(1963)가 히덴의 연구를 이어받아 RNA 합성을 촉진시키는 약물을 주사하면 학습 효율이 높아진다는 사실을 발견하면서 이러한 주장이 더 힘을 얻었다. 그러한 분위기 가운데 그렇다면 기억을 갖고 있는 분자들을 한 개체에서 추출하여 다른 개체에 주입하면 기억을 이전할 수 있다는 대담한 예측이 나왔는데, 그 가설을 실증하는 데 동원된 것이 플라나리아였다. 제임스 매코닐James McConel은 플라나리아를 사용한 실험 결과 그 가설이 입증되었다고 주장했으나 실제로는 실험에 오류가 있었다는 것이 밝혀졌다. 지금은 기억 내용과 관련하여 기억물질설은 거의 입지가 없으며 기억 내용은 뉴런과 뉴런 사이의 시냅스 네트워크의 형태 속에 저장된다는 것이 중론으로 되어 있다. 거기서 RNA 등의 분자적 수준의 기제는 시냅스 네트워크 형성에 관여는 하지만, 그 자체는 기억의 내용을 담고 있지 않다는 것이 일반적인 견해다.

찾아서』에는 주인공이 '마들렌'이라는 과자를 차에 적셔서 입에 넣은 순간 깨끗이 잊고 있던 어린 날의 추억이 되살아났다고 하는 장면이 있다. 아쉽기는 하지만 아직 당분간은 이와 같은 '마들렌'은 구할 수 없을 것으로 보인다.

17. 인간은 어떻게 학습하는가 (1)

1967년, 런던대학에서 개발된 '학습하는 기계' UCLM Ⅱ는, 이 기계가 내놓은 답을 체크해서 답을 맞히면 보상을 하고 답이 틀리면 벌을 주는 식으로 작동하는 '교육 기계'에 의해 훈련을 받은 결과, 10명의 얼굴 사진을 놓고 얼굴 전체가 아니라 이마 위라든가 헤어스타일만으로 그게 누구인지를 식별하는 능력을 가질 수 있었다고 한다.

학습이란 환경과의 상호 관계에서 일어나는 행동의 영속적인 변화로서, 행동을 조종하는 신경계의 가역성plasticity,[*] 즉 기억의 메커니즘을 기반으로 하여 실행된다. 따라서 환경을 설

---

[*] 가소성이라고도 한다.

정해주면 하등한 동물이라도 학습은 가능하다.

신경계는 태어난 후에도 계속 성숙해가는 것으로서, 이 성숙의 과정과 학습의 효과는 당연히 밀접한 관계가 있다. 병아리는 부화하면 바로 낟알을 쪼아 먹는다. 처음에는 잘 쪼아 먹지 못하지만, 4, 5일 지나면 능숙해진다. 갓 부화한 병아리를 앞이 안 보이게 어둠 속에 두고 사료를 입에 넣어주며 키우다가, 5일째 되는 날 환한 곳에 내놓으면 그냥 자란 병아리와 다름없이 쪼아 먹는 행동에 바로 숙달된다.

병아리는 서툴러도 쪼아 먹지 않으면 죽어버리기 때문에 4, 5일이라는 짧은 기간 동안에 능숙하게 쪼아 먹기를 학습할 수 있는 것인데, 우리 인간의 아기는 영재 교육이라는 이름 아래 뇌가 충분히 성숙하지 않았는데도 학습을 강요당하고 있는 것은 아닐까. 신피질이 아직 배선되지 않은 아기에게는 철학을 강의해봤자 학습 효과는 기대할 수 없다.

학습에 의해 개발되는 행동은 하나에서 열까지 다양한데, 크게 보아 행동을 기각하는 학습과 행동을 획득하는 학습으로 대별할 수 있다.

행동을 기각하는 학습은 의미가 없어진 자극에 반응하지 않게 되는, 습관화habituation를 말한다. 소리를 내면 귀를 쫑긋거리던 개가 동일한 소리를 반복해서 들려주면 그 소리에 대해서는 더 이상 귀를 쫑긋거리지 않게 된다. 태생적으로 갖추고 있는 반사적인 반응을 습관화에 의해 억압하는 것이다. 습관화는 현상 면에서 보면 마이너스지만, 신경계의 메커니즘으로 보자면 정보원으로부터 보내지는 무의미한 감각 신호의 전달을 억제하는, 꼭 필요한 작용이라고 할 수 있다.

새로운 행동을 획득하는 학습에는 지극히 단순한 각인(刻印, imprint) 학습부터, 여러 가지 유형의 조건부여 학습, 우리 인간의 창조 행위 학습까지, 여러 가지 성격의 것이 있다.

오리 새끼는 부화 후에 어미 새의 뒤를 쫓아다니는데, 이것은 오리가 부화되기 전에 누가 어미인지를 알도록 되어 있어서 그러는 것이 아니다. 오리는 부화한 다음 최초로 인식되는 움직이는 물체를 어미로 알고 따라다니도록 각인되어 있다. 그래서 인간이 곁에 있으면 그 인간의 뒤를 쫓게 된다. 이 각인이 가능한 것은 부화 후 며칠 사이이며, 신경계의 성숙과 관계가 있다.*

조건부여에 의한 학습에는, 러시아의 생리학자 파블로프가

---

* 일상적인 의미에서 본능이라 함은 학습되지 않은 행동 모두를 일컫는다. 그런데 본능적인 행동을 하기 위해서는 본능을 유발하는 특수한 외부자극을 필요로 한다. 이것을 유발자극이라고 한다. 특정의 유발자극에 대해 동물이 반응하는 방식은 대부분은 선천적으로 정해져 있다. 단 어떻게 반응해야 하는지 미리 알고 태어나는 유발자극이 있는가 하면, 일부 유발자극에 대해서는 지식이 부족한 채로 태어난다. 이 부족했던 지식은 성장 초기의 결정적 시기에 갖춰지는데, 이를 각인imprinting이라고 한다.

개척한 고전적 조건부여(classical conditioning, 응답적 조건부여)와, 미국의 심리학자 스키너에 의해 추진된 도구적 조건부여operant conditioning가 있다.

고전적 조건부여에 의한 학습의 대표 예는 개의 사료 조건반사이다. 개의 침샘의 도관을 뺨의 피부에 꿰매어 붙인다. 이 개의 입에 사료를 넣으면 다량의 침이 나오는데, 먼저 벨 소리를 들려준 다음 사료를 주는 일을 반복하면(강화reinforcement), 마침내 벨 소리만 들어도 침이 나오게 된다(그림 17). 이 경우, 벨 소리를 조건자극conditioned stimulus, 벨 소리로 침이 나오는 것을 조건반사conditioned reflex, 사료(무조건자극)에 의해 침이 나오는 것을 무조건반사unconditioned reflex라고 한다.*

양에게 메트로놈 소리를 들려주며(조건자극) 다리에 대한 전기 충격(무조건자극)을 주는 일을 반복하면(강화), 전기 충격 없이 메트로놈 소리만 들어도 양이 다리를 구부리고(방어

---

* 무조건반사는 동물이 처음부터 가지고 태어나는 능력이지만 그 기능에 따라서 체성반사somatic reflex와 내장반사viscero reflex 또는 자율신경반사로 나뉜다. 외부 자극에 대해 체성신경계가 반응하는 반사는 체성반사이며 자율신경계에 의해 작동하는 반사는 내장반사이다. 무조건반사는 대뇌가 관여하지 않으므로 의식적으로 제어할 수 없으며 빠른 속도로 작용할 수 있기 때문에 주로 생물의 생존에 직결되어 있는 반응을 담당하는 경우가 많다. 무조건자극이란 무조건반사를 일으키는 자극을 말한다.

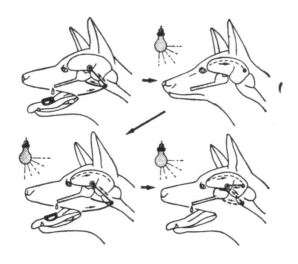

그림 17. 파블로프의 타액 조건반사 실험

조건반사)* 호흡이 흐트러지게 된다(내장조건반사).

　조건반사가 습득된 뒤에 계속해서 무조건자극(사료) 없이 조건자극(벨 소리)만 주게 되면 일정 시간이 지나면 조건반사가 일어나지 않게 된다. 이것을 소거extinction라고 하는데, 이것은 조건반사가 소실된 것이 아니라 일시적으로 억압된 것이다.

　파블로프는 조건반사가 대뇌피질의 새로운 신경섬유의 결합

＊ 공포조건화라고도 한다.

에 의해 형성된다고 생각했는데, 현재는 대뇌피질보다 더 아래에 있는 부위가 중요한 역할을 하고 있다고 보는 견해가 많다.

그런데 고전적 조건부여로 획득된 행동은 무조건자극을 방편으로 삼아 학습자의 의지와 무관하게 새로운 행동을 습득하게 할 수 있다고 하는, 소위 수동적인 학습이다. 이에 비해 도구적 조건부여에서는 동물이 적극적으로 환경에 작용하여 레버를 눌러서 사료를 먹거나(보수 훈련), 전기 자극에 걸리지 않게 도망치거나(도피 훈련), 전기 자극이 오는 것을 미리 피하거나(회피 훈련) 하는 행동을 학습하여 습득한다.

도구적 조건부여의 대표격이라 할 수 있는 것이 스키너 상자에 의한 레버 누르기 학습이다. 스키너 상자는 쥐가 벽에 장치된 레버를 누르면 사료 접시에 사료가 나오게 만들어져 있다. 배고픈 쥐를 이 상자 안에 넣으면 사료를 먹기 위해 레버 누르기를 습득하게 된다.

도구적 조건부여에 의한 학습과 원리적으로 같지만, 더 복잡한 것으로 시행착오 학습(미로 학습)과 변별 학습이 있다. 동물에게 둘 이상의 자극을 주고 그 안의 특정 자극에 선택적으로 반응하게 행동시키는 학습이다.

더욱 고등한 신경계의 작용이 요청되는 학습 행동에는 울타리 맞은편에 있는 사료를 먹기 위해 우회하여 가는 행동(꿰뚫기 학습)이나 새로운 과제를 풀기 위해 과거의 경험을 응용하

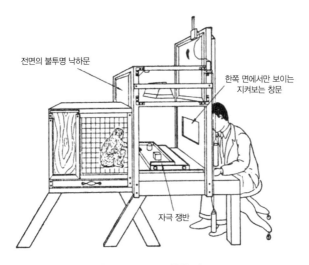

전면의 불투명 낙하문

한쪽 면에서만 보이는
지켜보는 창문

자극 쟁반

그림 18. WGTA를 사용한 테스트

는 행동(추리 학습)이나, 지속(시간)적인 정신 활동이 요청되
는 행동(지연반응법이나 이중교체법에 의한 학습) 등이 있다.
지연반응이나 이중교체법의 테스트에는 「그림 18」에 제시된
WGTA(Wisconsin General Test Apparatus)가 사용된다. 이
장치에서는 철망 케이지 안에 넣어진 원숭이가 양손을 밖으로
뻗어 그 앞의 자극 쟁반 위에 놓여 있는 여러 가지 자극 물체
를 조작하게 되어 있다. 자극 물체와 원숭이 사이에는 불투명
한 낙하문을 설치해서 필요하면 원숭이의 시야를 가릴 수 있
게 되어 있다.

지연반응법은 유보법이라고도 한다. WGTA의 자극 쟁반 위에서 원숭이가 보는 앞에서 사료를 두 개의 같은 용기 중 하나에 넣고, 그다음에 불투명 낙하문을 내리고, 한동안 자극 물체를 보여주지 않은 뒤에 낙하문을 올리고, 원숭이에게 사료가 들어 있는 용기를 잡도록 학습시키는 것이다. 이중교체법은 원숭이에게 연속적으로 우우좌좌우우좌좌……라는 반응을 요구하여 학습시키는 방법이다.

꿰뚫기 학습이나 추리 학습도 그러하지만, 지연반응법이나 이중교체법 등과 같이, 지속 혹은 시계열의 정신 활동이 요청되는 학습은, 전두 연합 영역의 작용에 의해 비로소 가능해지는 학습이다. 원숭이도 또한 그러한 학습을 할 수 있는 능력이 싹틀 수 있다는 것이 조사되었지만, 전두 연합 영역을 잘라낸 원숭이는 전혀 학습할 수 없다는 것도 밝혀졌다.

쥐나 고양이 등은 앞서 서술한 여러 가지 행동을 학습하지만, 그것은 주어진 환경 속에서 '유효적절하게' 살아가는 적응 행동을 몸에 익히기 위해서 어쩔 수 없이 학습해야 할 지경에 몰려서 학습한 것으로, 말하자면 소극적 학습이다. 원숭이 등의 영장류가 되면, 주어진 조건에 수동적으로 능숙하게 적응하는 것을 넘어서 의욕적으로 새로운 행동을 익혀서 '더 잘' 살아가려고 하는 적극적 학습을 하려는 의지가 싹트는 것을 관찰할 수 있다.

우리 인간은 3세 때까지는 동물과 거의 다름이 없는데, 4세 무렵부터는 상황에 적응하여 '유효적절하게' 살아가기 위한 학습은 물론이고, '더 잘' 살아가려고 하는 학습을 의욕적, 적극적으로 추진한다. 마지못해 학습하는 것이 아니라, 스스로 학습한다는 것인데, 바로 이 점에서 '학습하는 기계'나 동물과는 본질적인 차이가 있다. 그리고 이 학습은 생명이 있는 한 계속되어야 한다. 더 '잘' 살아가기 위해서.

18. 인간은 어떻게 학습하는가 (2)

인간은 자연 속에서 가장 약한 존재, 한 줄기 갈대에 지나지 않는다. 그러나 생각하는 갈대다

파스칼B. Pascal이 『팡세』에서 남긴 유명한 말이다. 그는 같은 책 제146편에서 다음 같은 말도 했다.

인간은 분명 생각하기 위해 만들어졌다. 그것이 그의 모든 존엄, 그의 모든 가치이다. 그리고 그의 모든 의무는 바르게 생각하는 것이다.

생각한다는 것, 그리고 판단한다는 것은 받아들인 정보에 대해서 반사적이고 틀에 박힌 방식reflexive and stereotyped으

로 반응하는, 소위 단락반응적인 정신 활동이 아니다. 설정한 문제를 해결하고, 목표를 실현하기 위해서 과거의 여러 경험이나 현재 얻은 지식을 여러 가지로 조합하여 새로운 마음의 내용으로 종합해가는 정신 활동이다. 사고, 즉 연상·상상·추리·궁리하고, 그리고 결단(판단)하는 행위인 것이다.

이러한 일련의 정신 활동은, 우리 인간의 신피질neocortex에 훌륭하게 분화 발달해 있는 소프트웨어, 전두 연합 영역의 작용에 기반한 활동이다. 혹시 우리의 정신 내용이나 행동에 전두 연합 영역이 관여하지 않는다면, 그때의 우리의 생활은 '정신적 하루살이'가 될 것이며, 미래에 희망을 걸 수도 장래의 꿈을 그릴 수도 없게 되고, 진취적으로 살아가는 모습도 없어져버릴 것이다.

지적 능력이라는 말이 자주 사용된다. 뇌는 단지 지식이 집적된 백과사전 같은 것이 아니다. 백과사전을 찾아 활용하듯이 집적된 지식을 어떻게 활용하는가 하는 사고력, 판단력이 바로 지적 능력이다. 즉 지적 능력이란 소프트웨어인 전두 연합 영역이 하드웨어인 정보 처리·운동 발현의 구조를 능숙하게 구사하는 활용 정도를 말한다. 따라서 하드웨어의 우수성도 중요하지만, 그것을 능숙하게 구사하려는 소프트웨어의 활력이 중요하다.

전두 연합 영역은 3살 무렵부터 작용하기 시작한다고 앞에서 서술했는데, 실제 어린이의 정신 활동이나 행동 속에서 그 사실을 분명하게 관찰할 수 있다.

그러므로 모방의 시기를 벗어나서 사고하는 시기에 들어선 어린이는 전두 연합 영역이 잘 발달될 수 있도록 배려되어야 한다. 시험 지옥이나 ○×식 테스트 등으로 아이들의 전두 연합 영역을 부정하고 질식시키던 교육, 말하자면 가축 교육이 지배적이던 시기도 있었으나, 지금은 초등학교나 중학교에서 전두 연합 영역을 육성하는 인간 교육을 달성하기 위해 진지한 노력을 기울이고 있다. 소위 부모의 치맛바람이 이러한 귀중한 노력을 방해하지 않았으면 한다.

어린이만의 문제가 아니다. 갈수록 변화 속도가 빨라지고 정보가 지나치게 넘쳐나는 생활환경은 사람들로부터 사고하는 시간을 빼앗는다. 이전에는 행간을 읽어내기 위해 노력했지만, 지금은 그런 노력을 하면 도리어 이해할 수 없게 되는 흥미 위주의 읽을거리들이 범람한다. 영화나 텔레비전 등 시청각 영상은 우리의 눈과 귀를 마구 들볶아 사고를 차단한다. 그런 것에 빠져 살지 말고 잠시 읽던 책의 페이지를 덮고 생각에 잠길 수 있는 독서에 좀 더 시간을 냈으면 한다.

영국의 명재상 처칠은 하원 집무실 안에 방음 처리를 한 자신의 독서실을 만들고 중요한 회의에 들어가기 전에 그곳에서 조용히 고전의 페이지를 넘겼다고 한다. 히틀러는 호언했다.

"민중이 생각하지 않을 때 지배자는 행복하다"고. 니시다 기타로西田幾多郎가 명저『선의 연구善の研究』를 쓰던 당시의 상황에 대해 쓴 일기를 읽어보면 그는 오전 중 두세 시간씩 '이마에서 비지땀이 나올' 정도로 전두 연합 영역을 혹사시켰다는 것을 알 수 있다. 다행히 우리의 전두 연합 영역은 그 정도로는 망가지지 않는 것 같다.

동물의 학습 능력을 조사하는 방법 중 하나로 미로 학습 테스트가 있다. 출발점과 먹이를 놓아둔 종점 사이에 막다른 곳을 많이 만들어놓은 미로 상자 안에 동물을 넣고, 동물이 출발점에서 종점까지 가는 데에 어떠한 경로를 거쳐 가는가를 조사하는 것이다. 처음에는 온갖 곳에서 막다른 곳에 부딪치지만, 횟수를 거듭할수록 부딪치지 않고 종점에 도달하게 된다. 학습에 의해 지름길을 습득한 것이다.

이와 같은 학습 행동을 시행착오라고 부르는데, 같은 시행착오라고 해도 동물과 우리 인간 사이에는 본질적인 차이가 있다. 동물은 길모퉁이에 오거나 막다른 곳에 부딪쳤을 때, 어느 쪽이든 길을 선택하는데, 그때, 동물은 아무 생각 없이 주사위를 던지듯이 마구잡이로 어느 한쪽을 선택한다. 그리고 선택된 길이 성공이었을 때 그것이 동물의 신경계 안에 흔적으로 남고, 이것이 다음 행동의 성공률을 높이는 발판이 된다. 따라서 이와 같은 학습은 인공적으로 만든 기계 쥐에게도 시킬 수 있다.

이에 비해서 우리 인간이 시행착오에 의해 행동을 학습할 때에는, 길모퉁이나 막다른 곳에서 길을 선택할 때 어느 쪽이 더 좋을지 멈춰 서서 생각을 한다. 여기에 인간과 동물 사이의 본질적인 차이가 있다.

전두 연합 영역이 아직 발달하지 않은 한두 살의 아기는 결코 틀렸다든가 실패했다든가 하는 것을 느끼지 않기 때문에 한 번 더 해보려고 하지 않는다. 네댓 살이 되면 성공했나 실패했나를 반성하고 실패의 경험을 다음 행동을 성공시키기 위해서 활용할 수 있게 된다.

스기무라 하루코杉村春子가 명연기를 보인 연극 「여자의 일생」 속에 이런 대사가 나온다.

인간이라는 녀석은 뭔가 하면 반드시 잘못을 저지르지 않으면 안 되나봐. 마치 잘못을 저지르기 위해 뭔가를 하는 것 같아.

이것은 비단 극중 인물의 성격에만 해당되는 이야기가 아니라 실은 우리 인간의 본질을 정확히 짚고 있는 말이라고 할 수 있다. 괴테의 『파우스트』 서두에 나오는 「천상의 서곡」을 보면 "인간은 노력하는 한, 방황하는 법이다"라는 문구가 있다.

전자계산기는 흔히 인간처럼 잘못을 저지르지 않는다고들

하지만, 거기에 '잘못'이라는 표현을 사용하는 것은 가당치 않은 소리다. 기계에 일어나는 것은 고장이며, 설마 자동차가 잘못해서 사고를 일으킨다고는 하지 않는다. 이와 같이 보자면, 우리 인간이 사고라는 정신을 작동하는 한, 그것은 망설임의 연속, 잘못의 반복이며, 따라서 망설임이나 잘못을 부정하는 것은 사고의 정지, 인간성의 말살에 지나지 않는다. 오히려 그렇게 망설이고 잘못하는 데에 교육이나 연수나 훈련의 가능성이 있다고 하겠다.

우리 인간의 신피질은 단조로운 리듬에 휘청거리기 쉽다. 록음악이나 행진곡의 반복적인 리듬, 강렬한 색채나 성난 고함은 전두 연합 영역으로 하여금 사고 작용을 정지시키게 효과가 있는 것으로 추정된다. 그리하여 소프트웨어의 통제가 없는 하드웨어만 남겨지게 되면, 인간은 주위의 명령에 의해 아무런 저항도 없이 휘둘린다. 함성 지르기, 구호 제창, 노래 제창 강렬한 리듬 등이 전쟁에서 군인을 전투로 독려하는 데에 사용되는 것은 그 때문이다.

우리는 사고의 내용을 말이나 표정이나 동작에 의해 실제로 구현하는데, 그중 문자로 생각을 표현하는 행위를 '쓴다'고 말한다. 최근, 미국에서 창조성이 빈약해진 원인 중 하나는 학교 교육에서 문장을 쓰는 훈련이 소홀해졌기 때문이라고들 한다. 현대 기계문명의 진보는 우리에게 쓰는 수고를 덜 수 있게 했다. 전화, 항공기, 초특급열차 등을 손쉽게 이용할 수 있기 때문에, 엽서나 편지, 아름다운 필적으로 쓴 연애편지 등이 필요 없어졌다.

글씨를 쓰고 글을 쓴다는 것은 단순한 모사가 아니라, 고등한 사고 작용이 수반되는 행위이다. 쓰는 것은 자신의 사고를 고착시키는 것이 아니라 지금의 사고를 확인하고 다음 사고로의 발판을 마련하는 행위다.

전후 일본의 학교 교육에서도 글을 쓰는 훈련이 무시된 것 같다. 작문은 사고 능력을 향상시키고 창조성을 개발하는 매우 효과적인 방법이다. 그리고 작문은 교사와 아동·학생 사이에서 일대일의 교육을 가능하게 하는 방법이기도 하다.

도쿠가와 이에야스의 중신 혼다 사쿠자에몬이 진중에서 아내에게 보낸 유명한 편지—"몇 자 적습니다, 불조심, 센을 울리지 말 것, 말을 살찌울 것."*

이런 간결한 문장을 쓰는 훈련은 어떤가.

---

* 일본에서 가장 짧은 편지로 알려져 있다. '센'은 아들의 아명.

19. 인간은 어떻게 참는가

실증된 과학의 진리 이외에는 아무것도 인정하지 않는다는 인생관, 그리고 딱딱하고 쇳덩이처럼 단단한 의지를 지닌 청년 의사 바자로프를 주인공으로 한 투르게네프의 『아버지와 아들』이라는 소설이 있다. 당시 러시아에서 큰 센세이션을 일으킨 작품인데, 이 주인공의 모델이 실은 러시아 생리학의 시조라고 불리는 세체노프I. M. Sechenov였다고 한다.

세체노프는 개구리 다리의 굴곡반사가 뇌간의 자극에 의해 억제된다는 사실을 발견했다. 이것은 오늘날 뇌·신경계의 연구에서 각광을 받고 있는 억제의 구조가 존재한다는 사실을 실증한 것이었다. 그의 제자 파블로프I. P. Pavlov는 스승의 과업을 이어받아 조건반사에 대한 연구를 전개했다.

우리가 팔을 구부릴 때는 팔의 굴근flexor muscle은 수축하지만 신근extensor muscle은 이완한다. 이렇게 되는 것은 굴근을 지배하는 신경세포에는 그 활동을 강화하는 명령이 와 있는데 비해, 신근을 지배하는 신경세포에는 그 활동을 약화하는 명령이 와 있기 때문이다. 이때 전자처럼 신경세포의 활동이 고조되는 것을 '흥분'했다고 하며, 반대로 후자처럼 활동이 저하하는 것을 '억제'됐다고 한다. 이 억제의 구조가 있기 때문에 팔을 자유자재로 굽히고 펼 수 있는 것이다.

대뇌피질의 신경세포에서도 사정은 마찬가지이다. 신경세포는 많은 돌기를 뻗고, 시냅스에 의해 복잡하게 연결되어 있으며, 이 시냅스를 매개로 하여 신경세포의 활동이 차례차례 다음 신경세포로 전달되어 간다. 만약, 모든 시냅스가 연결되어 있는 다음의 신경세포를 흥분시키는 방향으로만 작동된다면 하면, 하나의 신경세포의 활동은 순식간에 대뇌피질 전체의 신경세포로 전달되고, 그 결과 모든 신경세포가 흥분 상태로 변하게 될 것이다. 간질 발작이 그 실례이며, 「그림 19」의 뇌파에서 알 수 있듯이, 간질 발작은 리드미컬한 큰 전압의 패턴을 나타낸다. 간질 발작은 말하자면 뇌의 집단행동이며, 그로 인해 신경세포의 활동은 극히 강렬하나 의식은 없는 파탄 상태가 만들어지는 것이다.

다행히도 우리가 정상적인 정신 활동을 영위할 수 있는 것은 억제의 작용을 하는 시냅스가 있고 그에 의한 적절한 억제

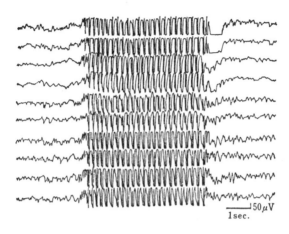

그림 19. 경미한 간질 발작의 뇌파 패턴

의 구조가 작동함으로써, 모든 신경세포가 하나의 방향으로 연쇄적으로 흥분하는 것을 막고 각각의 세포를 필요한 만큼만 활동시키고 있기 때문이다.

이와 같이 팔을 굽히고 펴는 일상의 활동이나 그에 대비된 간질 발작 등의 경우를 보면 알 수 있듯이, 억제의 구조는 뇌·신경계의 정상적인 활동과 관련하여 매우 중요한 역할을 하며, 그래서 오늘날 뇌·신경계의 생리학은 '억제'의 생리학이라고도 일컬어질 정도다.

신피질에 갖추어진 정보 처리·운동 발현의 하드웨어를 구사하여 우리를 인간으로서 행동하게 하는 전두 연합 영역의 소프트웨어는, 한편으로는 활동을 증강하는 방향으로(흥분) 작용하고, 다른 한편으로는 활동을 약화시키는 방향으로(억제) 작용한다. 전자에 의해 구현되는 플러스의 정신이 도전, 의욕, 창조의 정신이며, 후자에 의해 구현되는 마이너스의 정신이 절제, 인내, 억압, 억지의 정신이다. 그리고 끈기라는 것은 이러한 정신 활동의 내구력, 지속성을 말한다. 그리고 이들 플러스나 마이너스의 정신을 총괄하여 의지력이라고 부른다. 흔히들 '기도한다'고 하는 말을 자주 쓰는데, 이것은 자신의 능력의 한계를 돌파하고자 하는 지속적인 의지의 표현이라고 할수 있다.

제아미世阿弥*의 『풍자화전風姿花伝』에 "연습은 아무리 해도 지나침이 없지만, 제멋대로 집착하여 다투는 마음은 멀리하라"는 가르침이 있다. 플러스 의욕의 정신과 마이너스 억지의 정신, 양쪽의 의지력을 함께 강화하라는 이야기다. 플러스 의지력인 창조의 정신에 대해서는 뒤에 서술하기로 하고, 여기서는 더 중요한 역할을 하는 마이너스 의지력, 억지의 정신에 대해서 생각해보자.

우리는 동물적인 본능의 욕구나 정동의 마음에 따라 '강인

---

* 일본 무로마치시대의 배우이자 작가로 전통극인 노가쿠能楽를 대성시켰다.

하게' 살아가며, 나아가 또한, 전두 연합 영역에서 영위되는 치열한 경쟁의식의 작용에 의해 개성적으로 살아가고자 한다. 하지만 인간은 사회생활을 하는 존재로서, 집단의 질서를 유지하기 위해서는 한 개체로서 조급해 날뛰는 마음이나 격노하여 흥분하는 정신을 적절하게 억지해야 한다. 인간관계가 복잡해질수록 엄격한 억지의 정신이 요청되는 것이다. 스피노자가 적절하게 말했듯이 "평화는 전쟁이 없는 상태가 아니라 마음이 강한 데에서 생겨나는 미덕"인 것이다.

'유약하다'는 말이 요즘 사람들의 심성을 가리키는 상징처럼 되어 있는데, 이것은 전두 연합 영역의 억지력이 과보호에 의해 충분히 육성되지 않은 데서 온 결과이다. 과보호는 키는 더 커졌는데 체력은 오히려 떨어졌다고 하는, 현대 아동·청소년의 우려할 만한 실태의 원인이기도 하다.

비행소년의 유형을 분류했을 때, 의지 결여성, 즉행성, 불안정성, 기분 이변성(변덕쟁이에 싫증을 잘 낸다), 자기현시성(제멋대로 행동하며 참을성이 없고, 자신을 필요 이상으로 드러내려고 한다), 폭발성 등을 들 수 있는데, 이것들은 모두 억지력이 결여되었거나 약해졌을 때 드러나는 특징이다. 억지력이 약한 청소년들은 나쁘다는 것을 알면서도 그만두지 못하고 브레이크 없는 충동적 행동에 내몰린다. 미국의 비행소년들을 보면 그 대부분이 어린 시절에 기본적 생활습관(식사, 수면, 배설, 옷 입기, 손 씻기, 이 닦기)을 익히지 않았다고 한다. 즉 싫어도 해야 하는 것, 하고 싶어도 참아야 하는 것을 배우지 않았다는 것이다. 억지의 능력을 키우지 못한 것이다. 물론 사회의 생활환경이나 사회구조의 영향도 무시할 수 없는 것이지만 그러나 진흙 속에서도 아름다운 연꽃이 피어날 수 있다는 점을 생각해보아야 할 것이다.

억지력을 강화하기 위해서는 조건반사에서 반복적인 강화 reinforcement를 통해 새로운 행동 유형을 만들어내듯이 반복적인 교육을 하는 것이 필요하다. 자제심을 키워 반듯한 생활을 하는 것은 마음의 아름다움, 인간으로서의 자율적인 정신을 키우는 일이라고 할 수 있다.

여하튼 자극적인 유혹이 넘쳐나는 현대사회 속에서는 전두연합 영역의 억지력이 더욱더 중요하다. 조급한 마음이나 흥분하는 정신을 가라앉히고 고요한 마음으로 생각하고 냉정하게 행동할 수 있어야 한다. 이와 관련하여 생각나는 문구가 있다. 1961년 9월 18일, 정부의 초청으로 콩고에 가는 도중 비행기 추락 사고로 사망한 전 유엔 사무총장 다그 함마르셸드가 남긴 일기이다.

이해한다―마음의 고요함을 통하여
행동한다―마음의 고요함으로부터 출발하여

쟁취한다―마음의 고요함 속에서

함마르셸드가 죽은 그해의 1월 20일에, 고 케네디 대통령은 워싱턴 국회의사당 앞에서 대통령 취임 연설을 했다. 그 격조 높은 연설 속에서 그는 신약성서 중 사도 바울이 로마인에게 보낸 편지의 한 구절을 인용하여 다음과 같이 말했다.

희망을 품고 기뻐하고, 환난을 견디십시오.

―『로마서』, 제12장 제12절

환난을 견디는 일은 억지의 의지력이 작용할 때 비로소 가능한 일로서, 전두 연합 영역의 왕성한 작용을 요구하는 것이다.

1920년에 체코의 작가 카렐 차페크가 이 유명한 풍자 희곡 『로봇 제조회사 R·U·R』을 썼다. R·U·R사는 외관과 기능 모두 인간에 뒤처지지 않는 각종 로봇을 제조·판매했다. 이 로봇이 다만 인간과 다른 점은, 의지와 정조情操를 갖고 있지 않다는 것이었다. 그런데 제조 공정의 착오로 의지와 정조를 가진 로봇이 만들어졌고, 그 결과 심부름을 시키기 위해 만든 로봇에 의해 거꾸로 인간이 멸망해버렸다고 하는 줄거리이다.

로봇에게 의지와 정조를 갖게 하지 않은 것은, 전두 연합 영역의 작용을 하는 소프트웨어를 조립해 넣지 않았다는 이야기다. 물론 가상의 이야기지만, 인간이 인간인 이유를 로봇과의 비교를 통해 잘 보여준 작품이라고 할 수 있을 것이다.

20. 인간은 어떻게 창조하는가

언젠가 NHK에서 방송된 「성장의 기록―네 살 아이의 의자」라는 다큐멘터리 프로그램을 보고 매우 큰 감명을 받은 적이 있다. 4세 아이의 행동이 유치원이나 가정에서 1년 동안 어떻게 변해가는지를 추적한 것으로, "그 전까지는 의자에 앉혀 줘야 앉을 수 있었던 아이가 4세부터 5세 사이에 스스로 의자에 앉게 되고, 나아가 그 의자를 여러 가지 도구로 사용할 줄 알게 되는" 과정을 보여주는 프로그램이었다. 전두 연합 영역의 발달에 의해 의욕이 싹트고 플러스 의지인 창조 정신이 몸에 배어가는 모습을 썩 훌륭하게 그려낸 역작이었다.

창조적 경영이니 창조성을 지향하는 교육 등등, 창조성이란 말이 현대적 의식의 심벌인 양 기업체나 교육의 장에서 널리 사용되고 있다. 여기에서 말하는 창조성을 개발한다는 것은, 없는 것을 짜내는 것이 아니라, 전두 연합 영역에서 펑펑 뿜어내고 있는 창조의 샘물을 퍼 올리는 일이라고 할 수 있다. 이 점은 폰 팡제E. K. von Fange의 『창조성의 개발』 속에 분명하게 지적되고 있다.

4, 5세 무렵부터 전두 연합 영역에서 의욕이 싹튼다는 것은 말을 습득해가는 과정에서도 확인할 수 있다. 아이들은 3세 무렵까지는 오로지 어머니나 주위 사람들을 모방하여 말을 하기 때문에 말을 틀리게 사용하는 일이 없지만, 5세 무렵이 되면 자기 마음대로 말을 하게 되면서 틀리게 사용하는 경우가 늘어난다. 부모는 이것을 보고 혹시 아이가 후퇴한 건 아닌가 하고 걱정하게 되기도 한다. 하지만 이것은 아이가 스스로 말을 사용하고자 하는 의욕이 생겼기 때문에 일어나는 일로서, 아이는 오히려 이 시기에 본격적으로 언어 사용 능력을 키우고 있다고 보면 된다.

돌고래에게 곡예를 가르치면 돌고래는 실로 완벽하게 행동의 순서를 외워서 훌륭한 곡예를 보여준다(그림 20). 하지만 그렇게 훌륭한 기억력을 갖고 있는데도, 익힌 곡예를 다시 짜서 새로운 곡예를 만들어내는 일은 결코 하지 않는다. 또, 돌고래는 자기들끼리 있을 때에는 조련사가 가르친 만큼의 수준 있는 곡예를 스스로 개발하여 노는 일이 없다. 그래서 바닷속에 들어가도 돌고래 문명이란 것은 없다. 창조의 자리, 즉 하드웨

그림 20. 크레타 섬 크노소스 궁전 벽화의 돌고래

어를 사용하는 소프트웨어의 자리인 전두 연합 영역이 없기 때문이다.

『순자』의 권학편에 다음과 같은 글귀가 있다.

君子之學也, 入乎耳, 著乎心, 布乎四體, 形乎動靜 (……)

小人之學也, 入乎耳, 出乎口, 口耳之間, 則四寸耳, 曷足以美七尺之軀哉.

군자가 학문을 할 때는, 귀로 들으면 마음에 새겨져서 온몸에 퍼져 행동으로 나타난다. (……)

그러나 소인이 학문을 하면, 귀로 들으면 입으로 내뱉는다. 귀와 입 사이는 네 치밖에 안 되는데 어떻게 칠 척의 몸을 아름답게 할 수 있겠는가.

이 글을 차용하여 말하자면, 돌고래는 '소인의 학문'을 하고 있는데 비해서 우리 인간은 4, 5세 무렵부터 '군자의 학문'을 하고 있는 것이다.

우리는 심심하다는 말을 자주 한다. 의욕이 있는데 그것을 발휘하지 못할 때 경험하는 느낌이다. 따라서 전두 연합 영역이 아직 발달하지 않은 3세 아이는 심심하다고 말하는 일이 없으며, 그것은 고양이가 심심해하는 기색을 보이는 일이 없는 것과 마찬가지다. "이 심심함이야말로 인간이 건강하다는 지표이며 진보의 원천이라고 할 수 있는데, 그 반면, 이것이 또한 파괴성의 원동력으로 될 수 있다는 것을 잊어서는 안 된다"고 말한 사람이 있다. 그건 확실히 맞는 말이다.

또한 우리는 자유의지라든가 선택의 자유 등, 자유라는 말을 늘 사용하며 실제로도 자유로이 생각하고 자유로이 행동한다. 여기서의 자유란 아무 생각 없이 마구잡이로 행동하는 것을 말하는 것이 아니라 전두 연합 영역의 작용이 행동의 여기저기에 두루 미치는 상태를 말한다. 전두 연합 영역이 없는 동물이나 아직 충분히 발달하지 않는 아기의 행동은 반사적re-flexive이고 획일적이며, 자유로운 행동이라고 볼 수 없다. 스위스의 생물학자 포르트만Adolf Portmann이 말하듯이 "동물은 본능에 의해 구속되지만instinct-bound, 인간은 결단할 자유를 갖는다free to decide".

일본 사회에서의 인간관계는 부모자식, 사제지간, 보스와 부하 등과 같이, 상하관계가 매우 강하다. 기업체에서도 마찬가지여서 완전고용이나 연공서열 제도가 취해지고 있다.

그런데 인간관계에서 상하관계가 너무 강하면 위의 것과 아래의 것이 밀착해버려서 자유로이 발상하고 자유로이 행동할 수 있는 여유가 없어져버린다. 이것은 스승이 가지고 있는 내용을 제자에게 그대로 습득시키는 데는 효과가 있을 수 있다. 도제식 교육이 그것이다. 면허개전免許皆傳,* 옛 문화를 있는 그대로의 모습으로 전하는 것만으로 충분하다고 하면 그럴 수도 있겠다. 그러나 현대와 같은 기술혁신의 시대에는 그것만으로는 안 된다. 이런 시대에 문명의 발전에 기여하기 위해서는 옛사람으로부터 이어받은 유산을 그대로 다음 세대에 전해주는 것이 아니라, 뭔가를 플러스해서 전해줘야 한다. 여기에 필요한 것이 창조적인 행위이다. 그러기 위해서는 위의 것과 아래의 것 사이에 전두 연합 영역이 충분히 작동할 수 있는 틈이 필요하다. 공간 디자인의 분야에서 '놀이 공간'이 중요시되고 있는 것도 다 이유가 있다.

이와 같이 보자면, "석 자 뒤로 물러서서 스승의 그림자조차

---

* 스승이 제자에게 모든 비법을 전수함.

밟지 않는다"고 하는 말은 어떻게 보면 전두 연합 영역에 일할 틈을 줘야 한다는 것을 깨우쳐주는 말이라고도 해석할 수도 있다. 스승으로부터 가르침을 받고는 있으나, 자신과 스승의 그림자 사이에 석 자의 틈을 만들어 스승에 대한 몰입을 피하는 것이다. 이것이 '청출어람의 명성'을 기대할 수 있는 방식일 것이다. 폭력배의 세계를 보면 완전한 상하관계이며, 부하들은 우두머리의 명령대로 행동하므로 자유란 건 없다. 부하는 마치 얽매인 틀 안에서 정신과 행동에 깁스를 한 것과 같은 신세다. 우두머리는 훌륭한 전두 연합 영역을 가지고 있지만, 부하는 전두 연합 영역을 상실한 투명인간이다.

그러나 생각해보면, 이와 같은 폭력배 세계의 사고와 행동 양식이 많건 적건 현대의 기술혁신 사회 속에도 광범하게 침투해 있는 것 같다. 사람들은 스스로 거대한 사회기구 속의 조그마한 존재에 지나지 않는다는 톱니바퀴 의식을 가지고 벨트 컨베이어 위에 올라서서 주어지는 대로만 일하며 나날의 생활을 따분하게 보내고 있는 것은 아닐까. 최근 공해 문제가 심각하게 부각되고 있다. 그러나 아황산가스나 일산화탄소나 농약 등의 물질적 공해 이상으로 전두 연합 영역이 좀먹어 들어가는, 더 무서운 정신적 공해가 있다는 사실도 잊어서는 안 된다. 기업체에서 '조직 속의 삶의 보람'이라든가 '인간 회복의 경영학' 같은 말이 진지하게 이야기되고 있는데, 깊이 생각해보아야 할 일이다.

창조의 정신과 관련된 말로, 번뜩임이라든가 인스피레이션 같은 말들이 있다. 이는 신의 계시가 아니라, 전두 연합 영역의 창조의 샘에서 뜻하지 않은 분출이 일어난 것을 가리키는 말이라고 보면 된다. 암기 위주의 주입식 교육이나 종적 사회의 인간관계나 정신적 공해는 창조 정신의 발동을 저해한다. 물론 그렇다고 하여 전두 연합 영역의 작동이 영구히 망가지는 일은 없다. 전두 연합 영역에는 아무리 퍼내도 마르지 않는 샘이 갖춰져 있기 때문이다. 그러므로 언제든 환경 조건을 개선하고 전두 연합 영역에 활동할 수 있는 틈을 주면, 창조 정신은 다시금 펑펑 솟아나올 것이다.

하기萩*의 감옥에 유폐되어 지내던 요시다 쇼인(1830~1859)**은 절망적인 생활을 보내고 있는 죄수들에게도 미래의 가능성이 있다는 것을 발견하고 죄수들에게서 그 가능성을 끌어냄으로써 그들이 삶의 보람과 희망을 가질 수 있도록 했다. 이 귀중한 체험이 쇼인으로 하여금 "스승이 제자를 살리는 교육이 아니라, 스승이 제자 속에 사는 교육"을 실천하게 했다. 이거야말로 인간의 개성을 존중하는 창조성 교육의 견본이라

* 에도시대 조슈長州 번(지금의 야마구치 현)의 다른 명칭.
** 일본의 사상가, 교육자. 메이지유신의 정신적 지주.

할 것이다.

형식에 지나치게 얽매이면 자칫 본질을 놓치는 경우가 있듯이, 너무나 우수한 하드웨어에 얽매여 소프트웨어의 자유로운 활동이 저해받는 경우가 있다. 그래서 일체의 것에 속박되지 않고 전두 연합 영역의 자유자재한 작용, 끝없는 창조성을 고양시키는 것—선禪은 바로 이러한 상태를 추구하는 것이 아닐까. 즉 정보 처리와 운동 발현의 자리인 하드웨어를 기각하고, 일체의 기성 개념이나 논리적 사고 형식을 부정하는 것이 선이 아닐까. "양손을 마주치면 소리가 나는데, 그러면 한 손에서는 무슨 소리가 나는가"*라고 묻는다. 이것은 하드웨어로부터 자유로운 소프트웨어를 연마, 육성하자는 화두가 아닐까. 소동파가 읊은 "無一物中無盡藏, 有花有月有樓台(아무것도 없으나 무진장 많다 / 꽃이 있고 달이 있고 누대가 있다)"라는 시 또한 이러한 차원의 이야기는 아닐까. 오직 생각하는 것에 침잠하여, 오로지 창조하는 일에만 집중하는 경지이다.

---

* 선승 하쿠인이 제자들에게 한 질문.

21. 인간은 어떻게 쾌락과 행복을 구분하는가

오카 기요시(岡潔, 1901~1978)* 선생의 형형히 빛나는 눈빛을 마주하고서 창조에 대한 이야기를 들었던 때의 일이, 지금까지도 내 가슴에 깊이 새겨져 있다. 대화문으로 재현해보자.

도키자네: 선생님, 수학 문제를 푸실 경우에, 몇 시간쯤 생각을 계속하시나요?

오카: 3일은 계속해야 하지요.

도키자네: 그래도 밤에는 주무시겠지요?

오카: 아니, 안 잡니다. 이틀 밤.

---

* 일본의 수학자.

도키자네 : 그럼 지치시겠네요.

오카 : 지치지 않아요. 전두엽이 하고 싶어 해요, 멈출 수 없을 정도로. 나의 전두엽은 어느 지점에 갈 때까지 멈추지 않아요. 하룻밤 지나면 꽤 진척이 되지요. 인스피레이션이란 녀석은 평상시와 달라요. 여하튼 어려운 문제라면 3일 계속 가요. 이틀 밤이 안 되어 풀리는 것은 어려운 문제에 들어가지 않아요.

도키자네 : 그건 수학에만 국한되는 것은 아니지요?

오카 : 아르키메데스는 왕이 낸 문제를 받고 생각을 계속했어요. 그리고 욕조에 들어가서 알았지요. 물이 좌악 흘러 넘친 순간에 모든 걸 알았어요. 그러니까 그때 물이 좌악 하고 넘쳤을 때, 그때 그는 결론을 내는 지점까지 와 있었던 거예요.

도키자네 : 문제를 풀었을 때의 기쁨이 엄청났겠지요?

오카 : 벌거벗고 집으로 뛰어갔다고 하잖아요. 그러니까 무척 순수했던 거지요.

도키자네 : 선생님도 3일간 생각하셔서, 그래서 해답이 나왔을 때의 기쁨은 굉장하시겠지요.

오카 : 네, 그렇기 때문에 생각을 계속해서 할 수 있는 겁니다. 아르키메데스가 벌거벗고 뛰어오르는, 그 큰 기쁨은 상상할 수 없어요. 하긴, 그 시절은 벌거벗고 집으로 뛰어

가도, 항간에서 시끄럽게 굴지 않았기도 했을 거고요. 소세키가 창작을 마쳤을 때의 기쁨도 대단했겠지요. '오전 중의 창작의 기쁨이 오후의 육체의 유쾌함이 된다'라고 썼지요. 기쁨이 넘치는 마음이 육체를 감쌌으니, 예술은 여기까지 가지 않으면 거짓이라고, 그렇게 썼지요.

이렇듯 기대했던 것을 이뤘을 때, 계획했던 것이 달성됐을 때, 혹은 경쟁에 이겼을 때, 우리 인간은 한없는 기쁨을 경험하지만, 그 반대로 눈물이 나고 목이 메는 슬픔과 분함을 경험하기도 한다. 또 저 사람같이 될 수 없는 자신을 보고, 시샘이나 불평이나 질투의 마음이 일어나기도 하고 굴욕을 준 상대에 대해 원한을 품기도 한다.

아기는 낯을 가리지만 부끄러워하지는 않는다. 루스 베네딕트Ruth Benedict는 『국화와 칼』에서, 일본인의 정신생활에서 부끄러움이라는 것이 중요한 특징으로 보인다고 했는데, 부끄럽다는 마음은 상하로 된 인간관계 속에서 성립하는 것이다. 상위(우위)의 것이 하위(열위)의 것에 대해, 상위자로서의 자격을 잃었을 때 일어나는 마음이 부끄러움이다.

이와 같은 기쁨, 슬픔, 시샘, 질투, 부끄러움 등의 마음을 총칭하여 정조(情操, sentiment)라고 하는데, 이것들은 어느 것이나, 우리 어른에게 잘 발달해 있는 전두 연합 영역의 작용에 의한 것이다. 전두 연합 영역이 없는 동물이나, 아직 발달하지 않은 아기에게는 쾌, 불쾌, 분노, 두려움 등의 정동(情動, emotion)의 마음*은 있지만, 정조의 마음은 볼 수 없다. 동물이나 아기의 행동에서 알 수 있듯이, 정동의 마음은 순간적이며 지극히 단순하지만, 정조의 마음은 '기쁨을 음미한다' '슬픔에 잠긴다' '10년의 세월에 걸쳐 단련하다'**라고 하듯이, 지속적이며 복잡미묘하다.

스페인 사상계를 유럽의 가장 높은 수준까지 끌어올린 이색적인 철학자 오르테가José Ortega y Gasset가 수필집 『기술이란 무엇인가』에서 "인간은 단지 세계 속에 있는 것만으로는 어떤 기쁨도 느낄 수 없다. 그가 기쁨을 느끼는 것은, 잘 있을 때이다"라고 말했는데, 이것은 정조의 마음의 본질을 정확히 짚은 말이라고 할 수 있다.

최근 있었던 교육과정심의회에서 '초등학교 교육의 목표'와 관련하여, "바른 판단력과 창조성, 풍부한 정조와 강한 의지를 기르는 것"이라는 언급이 있었다. 창조의 '기쁨'이 새삼 강조되고 있는데, 과연 학교 교육에서 어린이들과 학생들이 수업

---

* 쾌, 불쾌, 분노, 두려움 등 생존과 번식이라는 본능적 욕구와 직접적으로 연결되는 감정을 말하며 대뇌변연계에서 관장한다.
** 일본 춘추전국시대의 명장 우에스기 겐신의 시에 나오는 구절.

과 학습에서 진심으로 기쁨의 마음을 경험하고 있을까. 교사는 아이들을 교육하면서, 그리고 부모는 자녀를 키우면서, 새로운 것을 만드는 기쁨을 느끼며 생기 있는 생활을 영위하고 있을지 모른다. 그러나 정작 어린이들이 교사나 부모의 기쁨을 위한 도구로 사용되고 있지는 않은지 돌아보아야 한다. 아이들 자신이 기쁨을 경험하는 교육이 아니라면, 그것은 자칫 인간 부재의 보육, 가축 교육이 될 수 있다. 공부를 한다는 것은 어려움이 따르며 고통스러운 일이 될 수 있다. 아이들이 그 고통을 극복하여, 기쁨의 마음을 경험할 수 있게 하는 데에 학습 지도의 진수가 있을 터이다.

행복이라는 말을 자주 사용한다. 행복이란, 본능의 욕구가 충족되는 데에서 오는 쾌락, 즉 정동의 마음이 아니라, 성취, 달성을 통해 '더 잘' 살아가는 모습의 한 컷 한 컷을 음미할 때 경험하는 정조의 마음, 즉 기쁨의 경지이다. 이 경지에 있는 자신을 바라볼 때, 우리는 거기서 삶의 보람을 체득할 수 있다. 프랑스의 철학자 알랭Alain이 한 다음의 말은 그런 점에서 적절하다. "사람은 의욕하고 창조하는 것에 의해서만 행복하다."

요즈음 우리는 물질문명이나 고도성장 경제의 산물이라 할 인스턴트식품, 레디메이드 의복, 프리섹스에 둘러싸여 있다. 그만큼 우리는 노력하여 성취하는 기쁨을 경험하지 못하고, 그저 사서 쓰는 쾌락만 맛보게 된다. 생산의 장, 즉 창조의 장이

었던 가정은 소비의 장으로 변했고, '가정의 행복'은 헛소리가
됐다. 적어도 정신의 면에서만이라도 가정을 생산의 장, 창조
의 장으로 재건하기 위해 노력해야 한다.

　하나의 쾌락이 또 다른 쾌락을 찾는 본능의 욕구로 사람을
내몰듯이, 하나의 기쁨을 경험하면 새로운 의욕이 불타올라 또
다른 창조 행위를 추구하게 된다. 돌고래나 고릴라 같은 동물
을 훈련할 때에는 먹이가 학습의 효과를 강화하는 수단이 되
지만, 전두엽 연합 영역에서 영위되는 자주적 학습에서는 칭찬
을 통해 기쁨의 마음을 한층 높여주는 것이 학습의 효과를 강
화한다. 지적장애아는 하드웨어가 선천적으로 빈약한 아이이
다. 이와 같은 아이들을 교육할 때에는 되도록 소프트웨어의
활동을 활발하게 하여 빈약한 하드웨어를 스스로 충분히 활용
할 수 있게 하는 것을 목표로 해야 한다. 예를 들어 특수학급에
서 아이들에게 점토로 물건을 만들게 하고 잘했든 못했든 늘
잘 만들었다고 칭찬해줘서 의욕을 부추겨주는 것은 그러한 점
에서 올바른 방법이라 할 것이다.

　도메이東名 고속도로의 완성에 뒤이어 주오中央 고속도로의
건설이 착착 진행되고 있다. 공교롭게도 사람들은 그 고속도
로와는 별개로 뚜벅뚜벅 걷는 도카이東海 자연보도를 만든다고
한다. 왜일까. 규격화된 노면을 제한속도로만 달리도록 규제하
면, 사람들은 전두 연합 영역의 작용을 필요로 하지 않는 로봇

으로 영락할 것이다. 걷는 길을 만드는 것은, 아마도 이마에 땀을 흘리고 손에 군은살이 생기고 발에 못이 박여도 좋은, 마이 페이스로 밟는 한 걸음 한 걸음마다 기쁨을 음미하면서 가고자 하는, 전두 연합 영역의 간절한 소원의 표현이 아니었을까.*

---

* 2장 「인간은 어떻게 등장했는가」의 역자 주에서 언급했듯이 전두 연합 영역은 더 흔하게는 그것이 전두엽 중 운동 영역 앞부분에 위치한다고 하여 전전두 연합 영역이라고 한다. 해부학적으로 표현하면 전전두 연합 피질prefrontal association cortex이다. 양자를 혼용해서 쓰니 혼란이 없어야겠다. 이 부분은 다시 전두엽 외측면에 속하는 외측 전전두 피질lateral prefrontal cortex과, 상대적으로 내측, 눈의 뒤, 아래쪽에 있는 안와 전두 피질orbitofrontal cortex로 크게 나눌 수 있다.

외측 전전두 피질은 주로 판단과 계획, 예지 등 인간의 행동을 감시하고 통제하는 여러 가지 고도의 정신적 능력에 관여하며, 이 부분이 손상된 경우 복잡한 사고를 요하는 문제 해결 능력에 장애가 일어나게 된다.

안와 전두 피질은 대뇌의 더 깊은 부분인 변연계에 가까이 위치하는 만큼 이곳이 손상되면 주로 감정, 정서상에 장애가 나타나게 된다. 환자는 자주 이상하고 사회적으로 용납될 수 없는 행동을 하며, 정서적으로 불안정하고 성격이 변화하는 등 여러 가지 장애가 나타난다.

전두 연합 영역은 두정엽, 후두엽, 측두엽 등의 감각 피질에서 분석한 자료와 변연계를 거쳐 들어온 감정적 정보들을 바탕으로 하여 태도를 취하고 다음에 취할 행동을 예측, 판단하는 부위로 인간의 인격이 들어 있는 부위라고 말해진다.

22. 인간은 어떻게 말을 하는가

"나는 고양이다. 이름은 아직 없다"로 시작되는 나쓰메 소세키의 명작 『나는 고양이로소이다』만이 아니라 동물 자신이 말하는 형식의 소설은 적지 않다. 그렇다고 해서 동물이 실제로 말을 할 수 있다는 것은 아니다.

고양이도 몇 가지 울음소리를 구분하여 울고, 일본원숭이는 목으로 서른일곱 종류의 구별 가능한 소리를 낸다고 한다. 그러나 동물이 내는 소리는 말이 아니라 울음소리, 부르는 소리이다. 미국의 돌고래 연구자 릴리J. C. Lilly는 돌고래는 서로 간에 초음파로 교신한다고 하는데, 과연 이것을 가지고 돌고래가 말을 한다고 할 수 있을까.

신약성서 『요한복음』의 맨 처음에 "시초에 말이 있었고, 말은 하느님과 함께였으며"라는 글귀가 있으며, 독일의 언어학자 훔볼트W. von Humboldt가 "인간은 단지 말에 의해서만 인간이다"라고 했듯이, 우리는 말을 하기 때문에 인간이라고 할 수 있을 것이다.

그럼 도대체 말은 동물의 울음소리나 외침 소리와는 어떻게 다르며 어떻게 정의할 수 있는 것일까.

우리 인간은 살아가기 위해서 외부 환경에 적극적으로 작용한다. 작용의 대상은 자연물, 동물, 인간이다. 그리고 작용하는 방법은, 발로 차거나 연인의 손을 잡거나 하는 직접적인 방법도 있고, 도구와 상징을 중개로 삼는 간접적인 방법도 있다. 상징에 사용하는 방법은 동작(몸짓이나 표정)과 도형(문자나 형태)과 음향(울음소리나 말)으로 구별할 수 있다. 이 상징이라는 방법을 사용하여 서로 간에 정신 내용을 전달하고 교류를 할 수 있으려면 그 상징에 대한 공통의 이해가 있어야 한다.

이때 음향이라는 상징 방법에 기초한 말은, 특정 상대에게 일대일로 자신의 정신 내용을 전달하기 위해서 사용하는 음성이라고 정의할 수 있을 것이다. 이에 비해서 동물의 울음소리나 외침소리는 불특정 상대나 동료를 향해 어떤 지령을 전달하는 역할을 하는 것이라고 할 수 있다. 인간의 말 또한 매스커뮤니케이션처럼 일 대 다수의 전달에 사용할 경우도 있지만, 이때의 다수의 상대는 불특정이 아니라 각각 특정 상대 집단이므로, 동물의 울음소리나 호령과는 본질적으로 다르다.

인간의 아기도 동물의 울음소리나 외침 소리 같은 성질의 소리를 내며, 우리 어른도 본능 행동이나 정동 행동을 할 때에는 무의식중에 그런 소리를 낸다. 이런 소리를 내는 기본적인 메커니즘은 뇌간·척수계에 위치하는데, 그것이 대뇌변연계에서 영위되는 본능이나 정동의 마음에 의해 구동되어, 소리를 내는 주체나 상황에 따라 특정한 패턴으로 발현되는 것이다.

아기는 성장해감에 따라서 신피질계가 발달하면서 말을 배우게 된다. 옹알이 시기나 자기 모방이나 타인 모방의 시기를 거쳐서 3세 무렵까지는 주어지는 말을 그대로 받아들이는 방식으로 말을 익혀가지만, 4세 무렵부터는 습득한 말을 취사선택하고 생각하면서 활용하는 수준에 이른다. 이때부터 비로소 온전한 의미에서의 말을 사용하게 되는 것이라 할 수 있다.

이런 점에서 보자면 3세 무렵까지의 아이의 언어 환경도 매우 중요하지만, 더 유의해야 할 것은 적극적으로 말을 활용하려고 하는 4세 이후에 말을 가르치는 방식이다.

어렸을 때에는 엄청난 연습과 노력에 의해서만 익힐 수 있었던 말을, 성인이 되면 자유자재로 할 수 있는데, 그것을 가능하게 하는 뇌의 구조가 지극히 정교하게 되어 있다는 것은 상상하기 어렵지 않다. 그 구조가 바로 어린 시절의 이 무렵에 빠른 속도로 만들어져가는 것이다.

말을 하는 것은 상대의 말을 이해하는 데에서부터 시작된다. 그리고 이해한 말에 대응하여 자신의 정신 내용을 목소리의 연쇄인 말로서 발성하여 답을 한다. 이와 같이 신피질에는 음성을 말로서 이해하고 음성을 말로서 발성하는 구조가 마련되어 있으며, 전자의 작용을 영위하는 장소를 감각성 언어 영역이라고 하고, 후자의 작용을 영위하는 장소를 운동성 언어 영역이라고 한다.

「그림 21」에 캐나다 뇌외과학자 펜필드W. Penfield에 의해 조사된 언어 영역을 제시해놨다. 앞과 뒤와 위, 세 가지 언어 영역이 설정되어 있는데, 이 중에서 앞 언어 영역은 1861년에 프랑스의 의사 브로카P. Broca에 의해 발견된 운동성 언어 영역이며*, 뒤 언어 영역은 1874년에 독일의 의사 베르니케 C. Wernicke에 의해 발견된 감각성 언어 영역이다**. 위 언어 영역은 새롭게 설정된 것으로 앞 언어 영역을 보조하는 역할을 하고 있을 것으로 여겨지고 있다.

이들 언어 영역은 바로 알 수 있듯이 연합 영역에 위치한다. 즉 뒤 언어 영역인 감각성 언어 영역은 청각 영역에서 받은 음성을 말로서 이해하는 작용을 하는 곳이다. 따라서 이곳에 이상이 생기면 목소리는 들리지만 그것을 말로서 이해할 수 없

---

* 브로카 영역이라고도 한다.
** 베르니케 영역이라고도 한다.

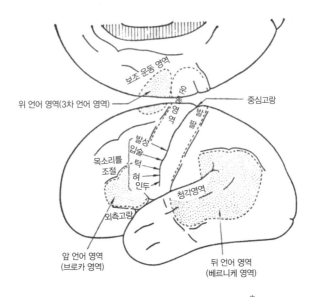

그림 21. 왼쪽의 대뇌반구에 있는 언어 영역*
(W. Penfield)

게 되는데, 이 상태를 감각성 실어증이라고 한다. 이에 비해, 발성에 관계하는 근육으로 운동 지령을 보내는 전두엽 운동 영역의 전방에 위치한 운동성 언어 영역은 말로서 발성할 수 있게 하는 운동 패턴을 만드는 활동을 한다. 따라서 이곳이 망가지면 목소리는 낼 수 있지만 그 소리가 하고자 한 말로 되지

---

* 그림 윗부분은 오른쪽 대뇌반구이다.

않는데, 이 상태를 운동성 실어증이라고 한다.

왼손잡이, 오른손잡이처럼 좌뇌인간, 우뇌인간이라는 말이 있는데, 말의 경우에는 분명히 더 많이 관여하는 뇌가 있다. 물론 다소의 예외는 있지만, 오른손잡이, 왼손잡이의 차이에 상관없이, 언어 영역은 왼쪽 대뇌반구에 위치한다. 따라서 뇌출혈 기타 병으로 오른쪽 대뇌반구가 망가지고, 그 결과 왼쪽 반신불수가 되어도, 말을 하는 데에는 지장이 없다. 한편 왼쪽 대뇌반구의 언어 영역에 훼손이 오면 한때 말을 하는 데에 장애가 일어나지만, 얼마 안 있어 어느 정도 회복되기 시작한다. 망가진 부위 주변이나 망가진 부위에 대응하는 반대 측 대뇌반구의 부위가 언어 영역으로서 작용하게 되기 때문일 것으로 보인다. 어느 쪽이든, 뇌·신경계의 가소성可塑性* 덕택이다.

말을 거는 특정 상대가 타인이 아니라 자기 자신일 때, 즉 자기 자신과 대화할 때, 그것은 사고라는 정신 활동이 된다. 자기 자신과 대화를 할 수 있으려면 먼저 자기 자신을 타인과 구별하고 자기 자신을 주장할 수 있어야 한다. 따라서 자신과의 대화, 즉 사고를 할 수 있다는 것은 말을 말로서 이야기하고, 또한 스스로 생각하는 것을 가능하게 하는 전두 연합 영역이 발

---

* 가소성이라는 말에 포함되는 기전은 크게 세 가지가 있다. 습관화, 학습, 신경세포의 재생이다. 여기서는 세 번째 신경세포의 재생을 의미한다.

달해 있다는 것을 의미한다. 그와 같이 보자면, 전두 연합 영역이 발달하지 않은 돌고래에게는 진정한 의미에서의 말은 없다고 해야 할 것 같다.

우리 인간은 대뇌변연계의 작동에 의해 구현되는 음성과 신피질계의 작동에 의해 구현되는 상징으로서의 말을 정교하게 활용하여, 인간으로서 '강인하게' '유효적절하게' '더 잘' 살아가고자 한다. 말의 구체적 본질은 로고스적 계기와 파토스적 계기가 입체적으로 통합된 것이라고 하는, 언어학자의 발언이 뜻하는 바도 여기에 있을 것이다.

세계에서 이야기되는 언어의 종류는 약 3,000개이고, 유사한 것을 모아보면 35어족이나 된다고 한다. 그리고 100명 정도만이 사용하는 언어도 있고 일본어처럼 1억 명 이상의 사람들이 사용하는 언어도 있다.

그러나 앞서 말했듯이, 말이란 것이 본질적으로는 사고와 같다고 한다면, 모든 인간이 서로 같은 사고 형식을 갖고 있는 것처럼, 말 또한 종류나 어족은 달라도 근저에 공통된 말의 구성 형식이 있는 것은 아닐까. 서로 다른 언어를 사용하는 외국인들이 만났을 때 어른보다도 도리어 아이 쪽이 의사소통을 잘한다는 것은 이런 사실과도 무관하지 않을 것이다.

그런 점에서 전통적인 기술언어학자들과는 다른 이론을 수립한 촘스키Noam Chomsky의 생성문법이론—말은 경험을 쌓아서 습득하는 것이 아니라, 적당한 환경이 있으면, 본질적으로 미리 결정된 방법에 의해 내부로부터 발전한다—의 주장도 수긍할 수 있을 것 같다. 그건 그렇다 치고, 우리의 사고가 끝없이 발전하려면, 그에 걸맞은 '말의 창조'에 대해서도 진지하게 생각해야 할 것이다. 거품같이 나타났다 사라지는 덧없는 말이 아니라, 시민으로서, 세계인으로서 바르게 사고하고 행위하기 위한 바른 말 말이다.

23. 인간은 왜 노래하고 춤추는가

"지난번에 전철을 탔더니 말이죠, 도쿄에서 요코스카까지 1시간 이상 계속 CM송을 부르는 아이가 있어서 깜짝 놀랐어요. 그게 전부 다른 곡이었다니까요" 하고 한 지인이 감탄하며 말했다. 하지만 아이만 그렇게 노래하기를 좋아하는 건 아니다. 예를 들어 텔레비전 채널을 돌리면 어느 시간대에서든 화면 위로 노래와 춤이 튀어나온다. 실로 노래와 춤의 범람이다.

새의 지저귐은 교신이나 위협이나 번식을 목적으로 한 것이며, 꿀벌의 엉덩이춤은 꿀이 있는 장소를 동료에게 가르쳐주는 지시의 수단이다. 그럼 도대체 우리 인간은 왜 이렇게 노래하고 춤추는 것일까(그림 22).

초등학교의 학습지도 요령을 보면 음악 교과의 목표가 "음악성을 가꾸고 정조를 높임과 동시에 풍부한 창조성을 기르는 데

그림 22. 「악기를 연주하는 여인과 춤추는 여인」
(이집트 왕조시대의 Jeserkareseneb의 무덤 벽화)

있다"고 되어 있다. 중학교 학습지도 요령에는 "창조적이고 정조가 풍부한 인간을 기른다"고 되어 있다. 맞는 말이다. 초등학교나 중학교의 음악 교과는 어린이와 학생의 정조 교육의 수단으로서 훌륭하게 기능한다. 무용을 가르치는 것도 마찬가지다.

그러나 록그룹의 귀가 찢어질 것 같은 하드록에 넋을 잃는 젊은이들을 보고, 과연 노래나 춤이 문부성이 말하는 그 정조 교육에 도움이 된다고 쉽게 말할 수 있을까.

이런 의문을 해소하려면 노래와 춤의 본질을 뇌 작동의 구조에 비추어보는 게 좋을 것이다. 음악에는 크게 리듬, 멜로디, 하모니의 요소가 있다. 그중 리듬이라는 요소는 이성, 지성의 자리인 신피질계에 대해서 진정적, 마비적인 효과를 미친다.

예를 들어 고양이의 신피질계에 낮은 빈도의 전기 자극을 반복하여 가하면, 고양이는 결국 꾸벅꾸벅 졸기 시작하고 뇌파도 잠의 패턴으로 이행하기 시작한다.

이와 같은 상태가 되면, 한편에서는 대뇌 변연계에 억압된 상태로 있던 본능이나 정동의 마음이 해방되어 행동으로 노골적으로 드러난다. 다른 한편에서는 신피질의 전두 연합 영역의 통제력이 약화되기 때문에 귀에 들리는 것, 눈에 보이는 것이 가려지지 않은 채 무비판적으로 신피질로 주입된다. 이것이 사람의 대뇌를 바꿔놓는 뇌의 개조, 세뇌의 원리이다.

사람들이 이 세뇌의 원리를 이용한 수법에 넘어가면 이성, 지성이 마비되어 개성을 상실한 규격화된 존재가 되고, 혹은 불평 없이 집단행동으로 내몰리는 군중이 된다. 그러한 집단행동에서는 리더에 의해 완전히 통제되는 식의 힘의 결집은 가능하지만, '셋이 모이면 문수보살의 지혜가 나온다'라는 식의 이성이나 지성의 통합은 기대할 수 없다.

CM송이나 영화의 주제가나 '잠들기 전의 음악'은 리듬의 마력을 문화적으로 이용한 것이고, 「라 마르세예즈」나 「적기가赤旗歌」 같은 선동적인 합창은 노래를 정치적으로 이용한 것이며, 종교집회 프로그램에서 경을 읊거나 합창으로 찬송을 부르는 시간이 들어가는 것은 노래를 종교적으로 이용한 것이라고나 할까. 지금부터 300년이나 전에, 프랑스에서 어떤 사람이 적절하게도 이렇게 말했다. "인간은 토끼 같은 존재다. 잡으려면 귀를 잡아라"라고.

노래가 음파라는 기계적 자극으로서 귀에 받아들여진 다음 감각 신호로서 변환되어 뇌로 보내지는 것이라면, 춤은 피부나 근육이나 관절 등에 가해지는 리드미컬한 기계적인 자극이 각 부위에 있는 감각 기구에서 받아들여져서 뇌로 보내지는 것이다. 이러한 감각 신호도 또한 신피질계의 활동을 약화시킨다. 노래가 갖는 리듬의 마력이 리드미컬한 신체의 동작에 의해서 더욱더 증강되는 것이다.

이성, 지성에 의한 사고력이나 판단력을 마비시켜서 집단행동으로 내몰아 힘을 결집하고 그 위력을 보이는 것의 한 예가 데모다. 데모에는 발을 구르거나 손을 흔드는 행진이 으레 따라오기 마련이며, 리드미컬한 구호나 삐이삐이삐이 피리 소리도 빼놓을 수 없다. 마치 진군나팔 소리에 따라 용감하게 적진을 향해 마구 돌격하는 병사들처럼.

이와 같이 생각하다 보면, 노래와 말은 그 역할에 본질적으로 차이가 있다는 것을 알 수 있다. 노래는 리듬이라는 요소에 의해 집단으로의 응집을 도모하는 기능을 갖고 있지만, 말은 이것과는 반대로, 공통의 표현 형식을 이용하여 개체를 자각하고 개체를 주장하고 개체와 개체의 교류를 도모하는 기능을 갖고 있다.

노래는 우리 인간을 집단으로 응집시키는 역할을 갖는 만큼, 노랫말의 의미 내용이 갖는 역할은 약해지고, 그 대신 고저, 강약, 장단이라는 음성의 연쇄로 변용되어 그것들의 리듬과 규칙성(멜로디와 하모니)이 전면에 나온다. 노래가 제창되는 이유이다. 노래가 이와 같이 변용되는 순간, 그것은 인간이 아니라 악기의 소리에 의해서도 가능한 것이 되며, 그리하여 기악이나 교향악으로 발전하는 것이다.

독일 출신의 미국 비교음악학자 쿠르트 작스Curt Sachs는 "음악은 노래하는 것으로부터 시작됐다"고 말했다. 음악이나 민요의 기원과 그 존재 의의에 대한 이러한 견해는 위에서 살펴본 노래의 본질을 생각해보면 잘 이해가 될 것이다.

노래나 음악은 이처럼 마음의 교감, 공명, 융합에 의해 집단으로의 응집을 도모하는 기능을 하지만, 그것이 전부는 아니다. 음악은 서서히 변용되면서 의미 내용이 규정되지 않는 소리와 목소리의 연쇄, 즉 '낱말 없는 문장'으로서의 기능도 갖게 된다.

음악이 이렇게 추상적인 성격을 갖게 되면서, 같은 음악도 감상하는 사람에 따라 여러 가지로 달리 해석하여 받아들일 수 있게 되며, 연주할 때에도 지휘자나 연주하는 사람에 따라서 서로 다르게 해석하여 연주할 수 있게 된다. 이것이 행간을 읽어내는 것이 요구되는 뛰어난 문학 작품의 감상에 못지않은 음악 감상을, 우리가 하고 있는 이유이다. 이 사실은 춤에 대해서도 마찬가지라고 말할 수 있다.

　노래와 춤이 갖고 있는 이러한 기능으로 인해 노래하거나 춤추거나 작곡하거나 안무하거나 하는 것은 글을 쓰는 것보다도 더 차원 높은 전두 연합 영역의 창조 정신을 요청한다. 초등학교나 중학교에서 음악과 춤이 정조 교육의 중요한 교과인 이유는 여기에 있다. 낱말이 없는 문장을 목소리나 동작으로 써내려가는 기쁨의 마음을 체득하고, 낱말이 없는 문장을 각자 개성적인 생각으로 읽어내는 기쁨을 음미하는 데에 노래, 음악, 춤의 진수가 있다. 그리고 또한, 집단으로의 응집과 개인 주체의 자유로운 발상이 서로 교차하고 갈등하는 교향악과 집단 무용 속에서 마음의 조화를 모색하는 가운데에 노래, 음악, 춤의 궁극의 목적이 있는 것은 아닐까.

　음악이나 무용에 대한 교육이 노래나 연주의 기법이나 춤추는 기법에 대한 모방 습득에만 목표를 둔다면, 그것은 전두 연합 영역의 존재를 무시한 단순한 기술 교육이 될 것이며 그래가지고서는 풍부한 정조 육성을 기대할 수 없다.

　최근에는 전자계산기가 작곡도 하게 됐다고 한다. 전자계산기가 작곡한 음악을 듣고, 친구인 음악가가 "이 곡은 어떤 모티브로 만들었을까?" 하고 흘리듯이 말했다. 조심스러운 말이긴 했지만, 음악의 본질을 짚은 날카로운 비판이었다고 생각한다.

24. 인간은 어떻게 웃고 어떻게 우는가

  텔레비전 광고에 나오는 우유를 든 아기의 웃는 얼굴은 천진난만한 무구함 그 자체. 그에 비해서 전철 안에 붙어 있는 연예인의 웃는 얼굴이나 아이돌 가수가 관객에게 던지는 웃음에서는 천진함을 조금도 느낄 수 없다. 배가 고프다고 호소하며 우는 아기의 울먹이는 얼굴과, 실연의 상처에 눈물 흘리는 젊은이의 얼굴은 전혀 다르다. 아이와 어른은 왜 이렇게 다르게 느껴지는 것일까.

  그리스 조각 아카익 스마일(Archaic Smile, 고대의 웃음)(그림 23)이나 모나리자의 미소, 혹은 스이코불推古仏*의 미소

---

* 스이코 천황 시대(592~628)에 만들어진 불상의 총칭.

그림 23. 그리스의 아카익 조각 「소녀상」

나 노能*의 할아버지 가면이 보여주는 '늙음의 웃음' 등, 웃음에 관련된 논의는 끝이 없다. 도대체 왜일까.

우리 인간은 가정생활에서나 사회생활에서, 혹은 국제간의 흥정에서도 '시치미 떼는 얼굴'을 할 때가 많다. 마음을 들킬까 봐 조심하는 것이다. 얼굴에 나타난 표정이 마음을 드러내 보

---

* 일본의 전통 가면극.

이기 때문이다.

'분노는 동물의 감정, 웃음은 인간의 감정'이라는 말이 있다. 물론 말도 웃는다는 이야기도 있다. 교미 후의 암말이나 발정 중의 암말이 고개를 높이 들고 입술을 젖히고 악다문 이를 드러내는 플레멘flehmen이라 불리는 표정인데, 이건 아무리 봐도 우리의 웃음과는 다르다. 역시 웃거나 울거나 하는 것은 우리 인간뿐이다. 왜일까?

다윈의 역작을 비롯하여 심리학자나 동물학자나 예술가들은 인간이나 동물의 표정에 대하여 많은 분석을 해왔는데, 그 중에서 납득이 가는 설명은 눈에 띄지 않는다. 우리 인간만이 웃거나 울거나 하는 이유에 대해서도, 대충의 설명은 있지만 과학성은 부족하다. 그래서 여기서는 그 이유를 뇌의 구조에 대한 고찰을 통해서 설명해보고자 한다.

우선 웃는 모습, 우는 모습을 특징짓게 하는 요소는 무엇일까.

첫째 요소는 웃는 얼굴, 우는 얼굴이라는 얼굴의 특정 표정이다. 막 태어난 아기도 웃음 띤 얼굴이라든가 우는 얼굴을 보이는 데에서 알 수 있듯이 아기는 무의식적으로 특정의 표정을 만들어낼 수 있는 구조를 가지고 태어난다.

그런데 웃는 얼굴, 우는 얼굴이라고 해도 아이와 어른은 서로 매우 다르게 느껴진다. 아이의 표정이 좌우대칭인데 비해서 어른의 표정은 어딘가 대칭이 안 맞아 보이기 때문이다. 그러나 어른이라도 황홀 상태에서 웃는 얼굴이나 사랑하는 아이를 잃고 망연자실하여 통곡하는 어머니의 우는 얼굴은 좌우가 대칭이 되는 것을 볼 수 있다.

이와 같은 차이는 표정을 연출하는 뇌의 구조에 의해 설명할 수 있다. 웃는 얼굴, 우는 얼굴이라는 특정 표정을 만드는 기본 구조는 뇌간·척수계에 있는데, 아기는 그 구조를 대뇌변연계가 구동하는 데 비해서 어른은 신피질계가 구동한다.

신피질계는 좌우의 대뇌반구로 분화 발달했기 때문에, 얼굴 표정을 좌우로 나누어 사용할 수 있으며 그래서 표정의 비대칭성이 관찰되는 것이다. 그것도 신피질이 충분히 발달한 10세 무렵이 되어야 가능하다. 그래서 5세 아이는 윙크를 하여 추파를 보내는 것이나 코웃음을 치는 것은 할 수 없다. 황홀 상태나 방심 상태에 있는 어른의 표정이 아이다워지는 것은 신피질계의 작용이 정지되고 대뇌변연계만으로 표정이 연출되기 때문이다.

두 번째 요소는 웃는 소리, 우는 소리이다. 웃는 법, 우는 법이 어떠냐에 따라 소리의 음색이나 높이나 리듬도 다르다. 하긴, 마음으로 웃는다, 마음으로 운다고 하는 말도 있으므로, 소리가 웃음과 울음의 빼놓을 수 없는 요소라고 할 수는 없다.

세 번째 요소는 너무 기뻐 어쩔 줄을 몰라서 터져 나오는 폭소부터, 얌전한 미소, 발을 동동 구르며 목 놓아 우는 것부터 남의 눈을 피하여 우는 흐느낌 등, 다양한 신체의 동작이다.

네 번째 요소는 숨결, 심장의 박동, 혈압, 위장의 운동, 눈물의 분비 등, 자율신경계가 지배하는 내장기관에 일어나는 다채로운 변화이다.

그렇다면 웃는 마음, 우는 마음을 만들어내는 뇌의 구조는 어떻게 되어 있는지 좀 더 자세히 살펴보도록 하자.

웃는 모습이나 우는 모습을 연출하는 구조는 뇌간·척수계에 있는데, 이 구조는 대뇌변연계에서 만들어지는 마음과, 신피질계에서 만들어지는 정신에 의해 구동된다고 했다.

대뇌변연계에서 구동되는 웃음은 본능의 욕구가 충족됐을 때의 쾌감에 따르는 것이다. 또한 대뇌변연계에서 구동되는 울음은 본능의 욕구가 충족되지 않을 때의 불쾌감이나 분노에 따르는 것이다. 대뇌변연계의 통합의 자리인 변연피질은 좌우가 분화되어 있지 않으므로 거기서 구동되는 정동의 마음이 그대로 나타나는 아기의 표정은 좌우 균형이 잡혀 있다.

원숭이나 고양이에게 있는 정동의 마음은 목소리나 동작에는 나타나지만, 원숭이가 훌쩍훌쩍 울거나 고양이가 껄껄 웃거나 하지 않는 것은, 세세한 얼굴 표정을 연출하거나 뉘앙스가 다른 목소리를 표현하는 구조가 뇌간·척수계에는 갖춰져 있지 않기 때문이다. 그런데 말에게는 웃음의 표정을 연출하는 구조가 뇌간·척수계에 갖춰져 있는 것으로 보이는데, 이것이

플레멘을 가능하게 하는 것으로 보인다.

신피질계에 의해 구동되는 웃는 모습, 우는 모습은 우리 인간에게만 훌륭하게 분화 발달한 전두 연합 영역에서 영위되는 정신과 관련되어 있다.

어른의 웃음을 놓고 크게 두 가지 주장이 있다.

그 하나는 상대가 있는 웃음과 관련된 것으로, 우월감의 표현이라는 주장이다. 『웃음에 대하여』의 저자인 프랑스의 극작가 마르셀 파뇰Marcel Pagnol의 "웃음은 승리의 노래이다. 그것은 상대방에 대한 순간적인, 그러나 홀연히 발견된 우월감의 표현이다"라든가, 프랑스의 철학자 베르그송H. Bergson의 "웃음은 굴욕을 주어 위축시키는 역할을 갖고 있다"고 하는 글처럼, 웃음은 상대를 바보 취급하고 업신여기고 조롱하는 마음에 의해 일어난다는 것이다.

또 하나의 주장은 상대 없이 일어나는 웃음과 관련된 것으로, 기대했던 것이 달성됐을 때 기쁨의 마음에서 생기는 환희의 웃음, 기대와 현실의 차이가 너무 커서 생기는 우스꽝스러움의 마음에서 생기는 익살의 웃음이다. 독일의 철학자 칸트가 "웃음은 어느 긴장했던 시기가 돌연 무無로 전화할 때에 일어나는 감정이다"라고 말한 것은, 후자인 익살의 웃음일 것이다.

이 두 가지 주장은, 따지고 보면, 웃음은 전두 연합 영역에서 영위되는 창조의 정신에 따르는 기쁨의 마음이나 경쟁의식에 동반하는 기쁨의 마음에 의해 발동된다는 이야기와 다르지 않다. 따라서 전두 연합 영역이 없는 동물이나 그 작용이 아직 나타나지 않는 아기에게서는 어른의 웃음을 볼 수 없다.

뇌염이나 뇌종양에 걸린 환자가 깔깔 웃음을 터뜨리는 강박 웃음이나 정신분열증 환자의 공허한 웃음(억지웃음, 실실 웃음)은 웃는 마음 때문에 생긴 웃음이 아니라, 어딘가에서 일어난 병적 자극에 의해 뇌간·척수계 웃음의 구조가 구동된 것으로, 말하자면 '겉보기 웃음'이다.

전두 연합 영역은 기쁨의 마음과 반대로 슬픔의 마음이나 부러움, 미움, 질투하는 마음을 만들어내는데, 그에 동반하는 표정이 우는 모습이며, 우는 얼굴이다.

이와 같은 까닭에, 우리 인간은 신피질과 변연피질이라는 두 가지의 대뇌피질에서 영위되는 두 가지의 마음에 따라서, 서로 성질이 다른 웃는 얼굴이나 우는 얼굴을 만든다. 안과 겉의 표정을 어떻게 나눠 사용하고 있는지, 일그러진 표정의 이면에 숨어 있는 마음의 민낯은 무엇인지를 읽어내기 위해 사람들은 애쓰게 되는 이유이다.

다카무라 고타로는 『조형미론』에서 "기요마사加藤清正*의 구

---

* 일본 전국시대의 무장.

레나룻도 여기에 편안하게 났고, 쵸베幡随長兵衛[*] 결의도 여기에 꽉 차 있으며, 백로 아가씨^{**}의 초현실성도 여기서부터 어렴풋이 피어오른다"^{***}라며, 인간의 표정에서 입이 하는 역할이 가장 중요하다고 강조한다. 반면, '화룡점정'이란 말도 있듯이, 인간의 표정에서 눈이 하는 역할도 경시할 수는 없을 것이다.

웃는 얼굴, 우는 얼굴 어느 쪽이든 그것을 만드는 데에는 눈가의 모습과 입가의 모습이 중요한 역할을 한다. 12장「인간은 왜 스킨십을 하는가」에 언급했듯이 눈가에는 신피질의 정신이 반영되고, 입가에는 변연피질의 마음이 떠돈다는 생각은 어떠한가. '모나리자의 미소'의 수수께끼도 눈가와 입가의 웃음의 경합이라는 관점에서 풀어갈 수 있지 않을까.

---

* 에도시대 전기의 상인.

** 무용극의 아가씨 역.

*** 다카무라 고타로가 일본의 전통극 가부키의 배우인 단주로團十郎의 외모를 표현한 글.

25. 인간은 어떻게 존재와 시간을 파악하는가

『말의 탄생ことばの誕生』이란 책이 있다. 이것은 4명의 아기를 대상으로 아기가 첫울음을 터뜨릴 때부터 녹음을 하기 시작하여 5년간, 이 아기들이 커가면서 어떻게 말을 익혀가는지를 시계열時系列적으로 연구한 NHK의 과학 프로그램을 책으로 엮은 것이다. 이 책에는 여러 가지 귀중한 데이터가 들어 있다. 그중 한 내용을 보자. 연구의 대상 중 하나인 3세짜리 아이(△ 표시)와 NHK의 직원(○ 표시) 사이에 다음과 같은 대화가 오갔다.

○ 이 작은 새는 뭐라고 부르니?

△ 있지, 있지, 빨간 새.

○ 금화조.

△ 금화조, 있지, 새.

○ 누가 사줬지?

△ 있지, 있지, 엄마.

○ 그래, 언제 샀니?

△ 앗, 내일 오늘.

다음은 2세 8개월 아이(△ 표시)와의 대화이다. 무릎에 딱지가 생긴 것이 보여서, 언제 다쳤는지 물어보았다.

△ 이거 다쳤어요.

○ 어디서?

△ 조기서.

○ 언제?

△ 이제부터야.

두 아이 모두 내일, 오늘, 이제부터, 등, 시간을 표현하는 말을 단어로서는 알고 있지만 때의 흐름을 경험하는 정신 활동이 없기 때문에 말을 맥락에 맞게 쓰지 못한다.

「표 4」는 공간 인식의 정신 활동인 이것, 저것, 여기 등과 같은 지시대명사를 바르게 쓸 수 있는 비율을 나타낸 것인데, 아이들은 3세가 되면 이러한 개념을 꽤 잘 사용할 줄 안다는 것을 알 수 있다.

(단위 : %)

	1세	1세 6개월	2세	2세 6개월	3세
이것	–	50	87	97	98
저것	–	14	70	81	89
여기	–	32	68	85	85
저쪽	–	59	85	95	98
거기	–	4.5	28	44	57
그쪽	–	–	13	26	41
저기	–	–	25	64	77

표 4. NHK 학교방송부와 국립국어연구소의 자료 1

(단위 : %)

	1세	1세 6개월	2세	2세 6개월	3세
오늘	–	4.5	23	52	68
내일	–	9	29	41	64
어제	–	–	8	31	44
모레	–	–	–	–	6
그제	–	–	–	3	4
아침	–	4.5	20	57	77
낮	–	–	7	28	60
밤	–	4.5	27	71	89

표 5. NHK 학교방송부와 국립국어연구소의 자료 2

이것과 비교해서 시간을 나타내는 말을 바르게 사용할 수 있는 비율을 「표 5」에 표시했는데, 3살이 되어도 제대로 사용하지 못하는 경우가 많다. 만 6세인 아이 중에서 '내후년' '재작년'이라는 말을 바르게 쓸 수 있는 아이의 비율은 겨우 20%이다. 실제로 시간을 나타내는 말을 바르게 잘 구사할 수 있으려면 10세가 되기를 기다려야 한다.

3세 아이가 정오나 오후 3시를 알고 있는 것은, 시곗바늘이 12라는 글자가 있는 곳에서 겹쳐지는 것, 그리고 간식을 먹는 시간이 오후 3시로 정해져 있다는 사실 덕택이다. 따라서 아이들 눈높이에서 보자면 간식을 안 먹는 아빠에게는 오후 3시는 없는 셈이다.

이와 같이 3세 무렵까지의 아이들은 시간의 흐름을 체험할 수 없기 때문에, 언제나 현재의 순간에 살고 있는, 말하자면 '정신적 하루살이'이다. 시간의 체험이 충분히 몸에 스미기 위해 10세가 될 때까지 기다려야 하는 것이라면, 초등학교 저학년에서는 역사를 가르쳐도 아이들은 그것을 지식으로서는 받아들이지만 시간의 흐름으로 느끼지는 못한다는 것을 알 수 있을 것이다.

약속을 잡는 것도 시간의 흐름을 느끼는 능력이 있을 때 비로소 가능한 일이다. 2세 아이와 손가락 걸고 약속을 해도 아이에게는 내일이라는 날이 없기 때문에 약속이 성립되지 않는다.

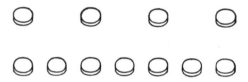

그림 24. 나란히 놓인 4개와 7개의 바둑알

그런데 4세 아이랑은 정말로 약속을 할 수가 있게 되므로, 약속을 지키지 않으면 아이에게서 강한 항의를 받게 될 것이다.

순서나 차례를 지키는 문제도 시간이라는 것을 경험할 수 있어야 그 의미를 알고 행동으로 실현할 수 있다. 3세 아이는 1, 2, 3, 4, 5……라고 셀 수는 있어도, 「그림 24」처럼 바둑알을 늘어놓고 윗줄에 4개 나란히 놓아둔 바둑알이 몇 개 있느냐는 질문을 받으면 대답하지 못한다. 4개의 바둑알을 '하나' '둘' '셋' '넷'이라고 셀 수는 있지만, 4번째 바둑알은, 아이에게는 '넷'이라고 부르는 바둑알일 뿐, 차례로 놓인 것의 4번째이니까 바둑알이 '총 4개' 있다는 식으로는 생각하지 못한다. 또, 윗줄과 아랫줄의 바둑알 중 어느 쪽이 더 많으냐고 물으면, 5살 아이의 30%가 같다고 대답한다. 공간 인식의 정신 활동에 의해 문제를 처리하기 때문에 그렇게 답하는 것이다.

두 명이서 줄을 돌리고 나머지 아이들이 차례로 줄 속으로 들어서는 줄넘기를 시키면 3세 아이들은 차례차례 순서를 지키면서 줄 속으로 들어가 줄넘기를 하는 것이 쉽지 않다. 그에 비해 모자나 뭔가를 '표지'로 삼아 이것을 차례차례 건네주라고 하면 혼란스러워하지 않는다. 어린이집에서 "자아, 간식이에요. 여러분 차례로 오세요"라고 하면, 모두가 한꺼번에 우르르 다가와서 교사를 힘들게 한다.

연속이라는 말로 표현되는 단절이 없는 의식의 흐름도, 시간 체험 위에 서 있는 정신 활동의 하나이다. 우리는 매일 밤 자리에 누워 잠들고 몇 시간의 의식 단절 후에 눈을 뜬다. 의식의 단절이 있는데도 눈 떴을 때의 자신은 몇 시간쯤 전에 잠든 자신의 연속임을 믿어 의심치 않는다. 연속이라는 정신 활동 덕이다.

그런데 유치원에서 전날까지 예쁘게 피었던 튤립이 다음 날 아침 져버렸을 때, 선생님이 원아들을 모아서 "보렴, 어제 피어 있던 튤립이 이렇게 져버렸지?" 하고 말을 하면, 원아들은 아무런 반응도 보이지 않는다. 원아들에게는 어제 피어 있던 튤립은 어제의 튤립, 오늘 진 튤립은 오늘의 튤립이며, 어제의 튤립이 오늘 졌다고 하는 식으로 시간의 연속 위에서 사고하지 못하기 때문이다.

우리는 존재라는 말을 자주 사용하는데, 이것은 '어느 순간에 있다'고 하는 게 아니라, '계속해서 있는' 것을 의미한다. 존재라는 말을 입에 올리는 것은 시간의 흐름을 경험할 수 있고서야 비로소 가능한 일이다. 이 사실은 도겐道元 선사의『정법

안장正法眼藏』의「유시有時」권에 있는 "소위 유시는, 때時 이미 여기 있으며, 있는 것은 모두 때時이다"*라는 말에 응집되어 있다.

이와 같이 우리 인간이 3세가 지나서 시간을 경험하고 느낄 수 있는 것은, 4세 무렵부터 활동을 시작하여, 우리를 인간으로서 움직이게 하는 전두 연합 영역 덕택이다. 그로 인해 우리는 현재의 순간에 사는 것이 아니라, 과거를 발판 삼아 미래의 꿈과 희망을 그리고 그것을 실현하기 위해 노력하며 살게 된다. 그리고 영원한 미래, 장래를 설정하고, 그것을 지향하며 살아가는 정신 활동 그 자체가, 때時의 흐름, 즉 시간의 체험이 되는 것이다. 베르그송은 흐르는 시간을 '지속'이라는 말로 표현하고, '지속'이 자아의 순수한 모습이라고 말했다. 오카 기요시 선생은 "시간이란 정서의 일종이라고밖에 생각할 수 없다"라고 했다. 서로 표현은 다르지만 전두 연합 영역이 낳는 시간이라는 정신에 대한 깊은 통찰을 보여준다고 하겠다.

시간의 체험이 소프트웨어**에서 영위되는 것이라면 공간의 인식은 정보 처리의 자리인 하드웨어에 의해 영위된다. 2, 3세

---

* 여기서 유시란 존재와 시간을 의미한다. 따라서 이 말은 '시간은 이미 존재이며, 존재는 곧 시간이다'라는 뜻이다.

** 전두 연합 영역.

아이가 장소를 규정하는 지시대명사를 바르게 사용할 수 있는 까닭은 소프트웨어가 위치한 전전두엽prefrontal lobe보다 하드웨어가 위치한 두정엽, 후두엽, 측두엽이 먼저 발달하기 때문이다.

동물도 공간 인식 능력은 갖고 있고, 전자계산기도 서툴긴 하지만, 문자나 도형을 읽어낼 수 있다. 그러나 소프트웨어가 없기 때문에, 시간의 흐름을 체험할 수는 없다. 동물의 세계에는 역사는 없을 것이다. 전자계산기도 프로그램이라는 시계열의 조작을 받고서야 비로소 정보 처리를 할 수 있다.

우리는 시간의 흐름 속에서 자신을 발견함으로써 인간임을 증명할 수 있으며 인간으로서 존재하는 것이 가능하다. 제2차 세계대전 중에 유대인이라는 이유로 집단 살인의 장소인 아우슈비츠로 보내진 정신의학자 빅토르 프랑클은 참혹한 강제수용소 생활을 견디고 살아남은 사람 중 하나이다. 강제수용소에서의 체험의 기록이 『밤과 안개』라는 제목으로 번역·출판되었는데, 그 안에서 프랑클은 자신이 살아남을 수 있었던 이유를 다음과 같이 서술하고 있다.

자기 자신의 미래를 믿을 수 없었던 사람은 수용소에서 무너졌다. 미래를 잃는 것과 함께 그는 기댈 곳을 잃고 내적으로 붕괴하여 신체적으로도 심리적으로도 몰락했던 것이다.

독일의 극작가 에른스트 톨러Ernst Toller가 "꿈꿀 수 없는 인간은 살 자격이 없다"라고 했는데, 살 자격이 없어지는 것이 아니라, 살 정신력이 없어지는 것이 아닐까.

26. 인간은 왜 생에 집착하는가

　식도암 수술을 두 번이나 받고 자신의 생명이 앞으로 얼마 안 남았다는 것을 알고 있던 작가 다카미 준高見順. 그의 시집 『죽음의 심연에서』를 읽어보면, 한없이 생에 집착하는 그의 마음이 절절히 읽힌다. 「바라지 않는다」라는 제목의 다음 시를 소개한다.

　　끊임없이 뭔가를
　　바라기만 했던 나지만
　　이제 아무것도 바라지 않는다
　　바라는 것이 내 삶의 보람이었다
　　나이 들어서는 젊을 때와 다르게
　　바랄 수 없는 것을 바라는 것은 그만두고

바랄 수 있어 보이는 것을 바랐다

하지만 지금은

그 바람도 버렸다

이제 아무것도 바라지 않는다

그래서 죽음도 바라지 않는다

이 마지막 한 줄에 삶을 희구하는 다카미 준의 집요한 바람이 담겨 있다. 이 시집 속에서 내가 가장 감명을 받은 '과거의 공간'이라는 제목의 시이다.

손으로 뜬 모래가

야위어 홀쭉한 손가락 틈새를 새 나가듯이

시간이 좌르르 내게서 새 나간다

얼마 남지 않은 소중한 시간이

(……)

시간이 새나가는 소리만

소란스럽게 들려온다

나 역시 평소에 시간이 지나갔다라든가, 시간이 없어졌다고 하는 말을 늘 입에 달고 사는데, 시간이 새나간다고 하는 표현은, 다카미 준의 이 시에서 처음 접했다. 얼마 남지 않은 시간이 멈추지 않고 계속 흘러가버리는 것에 대한 한탄, 영원한 시간을 향한 한없는 비원을 표현한 것이리라. 그에게는 1초의 시간이 피 한 방울보다도 귀했을 것이다.

10년간 피부암과 말 그대로 사투를 벌이면서 혹독한 연구 생활을 계속하다 세상을 떠난 기시모토 히데오 교수(도쿄대 종교학)의 유고『죽음을 바라보는 마음』역시, 영원한 생을 바라는 마음이 절절히 읽히는 글이며, 눈물 없이는 읽을 수 없다. 미국 유학 중에 암 선고를 받고 시한부 상태에서 마음의 고뇌를 쓴 다음 일절—

나는 이 2주 사이에, 새삼스러운 얘기지만, 생명에 대한 인간의 집착이 얼마나 강한지 알았다. 생명이 직접 위험에 처하자, 인간의 마음이 얼마나 소용돌이치고 흥분하여 난리가 나는지. 그리고 인간의 전신이 손가락 발가락 세포의 말단에 이르기까지 얼마나 필사적으로 그에 저항하는지. 나는 온몸으로 그것을 느꼈다. (……) 내 마음속은 피투성이 싸움의 연속이었다.

작가 다카미 준이나 기시모토 히데오 교수만이 아니다. 미래를 향해 살아가게 해주는 전두 연합 영역을 선물받은 우리 인간은 모두, 죽고 싶지 않다, 언제까지라도 살아 있고 싶다고 하는 생에 대한 끝없는 집착을 갖고 있다. 전두 연합 영역이 없는 고양이나 원숭이에게서는 생에 연연해하는 모습을 볼 수 없다.

우리 인간이 생에 집착하는 마음은, 전두 연합 영역의 구조가 완성되는 10세 무렵에 확고히 몸에 배게 된다. 그때쯤이 되면 한편으로는 살아 있는 것에 대해서 한없는 기쁨을 느끼고, 다른 한편, 죽음에 대해서는 한없는 불안에 떨게 된다. 5세 아이가 어머니를 잃어도 그 아이는 어머니의 죽음을 실감하지 못하여 어머니의 죽음을 아파하고 슬퍼하는 일은 없다.

그러나 전두 연합 영역의 구조가 완성되면, 우리는 정신적으로나 육체적으로나 오래오래 살고 싶어 하고 '무한의 생'을 희구하게 한다. 그러나 현실에서는 항상 '유한의 생' 즉 죽음이 여봐란 듯이 사람들을 기다린다. 그래서 '무한의 생'을 희구하면서 생의 기쁨에 잠긴 우리는, 좋든 싫든 상관없이 죽음의 불안에 떤다.

그러나 또한 전두 연합 영역은 무한의 생에 대한 집념을 의욕적으로 끊어버리게도 할 수 있다. 폭군 네로 황제에게 반역을 기도했다는 이유로 체포되어 처형되기 전에 자살한 로마의 철학자 세네카(Seneca, 본명은 Lucius Annaeus)가 "자살은 인간의 특권이다"라고 했다고 한다. 확실히 자살하는 것은 인간 어른들뿐이며, 10세 무렵까지의 어린아이들이나 동물이 자살을 했다는 이야기는 들은 적이 없다.

1903년 5월 23일, "유유한 천지로구나. 멀고먼 고금이로구나. 5척의 작은 몸으로 큰일을 도모하려 한다"라는 저 유명한 「암두지감巖頭之感」을 큰 나무 줄기에 써서 남기고 "인생불가해人生不可解"를 외치며 게곤華嚴 폭포로 몸을 던진 18세의 후지무라 미사오*를 비롯하여, 죽을병에 걸려서, 파산으로 살 의욕을 상실해서, 실연으로 살아갈 기쁨을 잃어서, 또는 파렴치 행위에 대한 부끄러움 등, 인간은 여러 가지 이유와 동기를 들어 자살을 한다. 어떤 이유든 간에 자살 행위는 생에 대한 집착을 의욕적으로 끊어버림으로써 성립한다. 즉 자살에도 전두 연합 영역의 작용이 요구되는 것이다.

우리는 '무한의 생'과 '유한의 생'의 갈등에서 벗어나 평온한 마음으로 살아갈 수 있기를 바란다. 그런 바람은 우리의 조상으로 하여금 육체의 영생을 믿게 하여 미라를 만들게 하거나, 혹은 정신의 영생, 즉 영혼의 불멸을 믿게 하는 것으로 구현되었다.

그리고 또 그 바람은 '무한의 생'을 강조하든가 아니면 '유한의 생'에 철저하든가, 두 마음가짐 중 어느 쪽인가로 인간의 마음을 기울게 했다. 전자는 생의 종말, 즉 죽음을 부정하지 않

---

* 당시 일류 고등학교를 다니던 인텔리 청년의 자살로 크게 화제가 되었다.

되 죽음을 무한한 저 멀리로 몰아내는 것이며, 생과 사의 사이에 단절을 인정하지 않는다. 이런 태도는 동양적, 불교적 사상에 의해 배양되고 있는 것 같다. 아미타불의 아미타Amitayus는 무량수無量壽, 즉 '한없는 생명'을 의미한다. 불교는 또한 죽은 사람은 삼도천三途川을 건너서 명토에 도달한다고 한다. 이 세상에서 저세상으로 가는 데에 단절이 없다.

이에 비해서 후자는 생은 유한하며 생과 사 사이에는 단절이 있다는 마음가짐이며 서양적, 기독교적 사상과 통한다고 할 것이다. 죽은 사람은 지상에서 천국으로 올라간다. 단절이다.

또한 '무한한 생'에 대한 희구는 "이 세상에서 좋은 일을 하면 저 세상에서 좋은 보답을 받는다"고 하는 인과응보의 사상으로도 표현된다. 이러한 사상은 이 세상 뒤에 저세상, 즉 또 다른 세상이 연결되어 있다는 것을 상정함으로써 죽음에 대한 마음가짐을 소홀히 하게 하는 경향을 만들 수 있다. 아니, 굳이 '저세상'을 생각하지 않으려고 애쓰는 마음의 표현일 수도 있겠다. 이에 비해서, '유한의 생'을 받아들이는 입장은 인간은 결국 죽는다는 사실을 인정해야 하며 그래서 하루하루를 참회하면서 후회 없이 최선을 다해 살아가야 한다고 가르친다.

똑같이 죽음을 그렸으나, 석가의 열반상은 평온한 얼굴을 보이고 십자가의 그리스도는 고뇌에 찬 처참한 얼굴을 보이는 것에서도 양자 간의 사상의 차이를 느낄 수 있다(그림 25). 석

그림 25. (위) 만테냐, 「그리스도 상」(부분)
(아래) 석가의 열반상(부분)

가는 천수를 누리고 '무한의 생'을 현성했으며, 그리스도는 요절하여 '유한의 생'을 실증했다.

"무사는 정월 초하루 아침부터 섣달 그믐날 밤까지, 늘 죽음을 마음에 두고 있어야 한다"는 말로 시작되는 『무사도 초심집』이나 "무사도란, 죽는 길을 찾는 것이다"라는 명문이 있는 『하가쿠레葉隱』*는 실은 매일매일 전력투구하여 가장 유의미한 삶을 살아가라고 말하는 것이다.

오다 노부나가織田信長는 이마가와 요시모토今川義元와의 결전을 위해 오케하자마로 떠날 때, "인간 50년 천상의 세계와 비교하면 덧없구나. 한번 생을 누리고 멸하지 않는 자 있을까"라고 읊조리며 아쓰모리敦盛** 춤을 추었다. 결의가 엿보이는 장면이다. 요시다 쇼인吉田松陰이 노야마의 감옥에서 쓴 다음과 같은 편지에는 담담한 말 속에서도 '무한의 생'과 '유한의 생' 사이에 엄격한 대결의 불꽃이 튀는 것을 느낄 수 있다.

죽음을 추구하지도 않고 죽음을 거절하지도 않고, 감옥에 있으면 감옥에서 할 수 있는 일을 하고, 감옥을 나와서는 나와서 할 수 있는 일을 한다. 때를 따지지 않고, 세를 따지지 않고, 할 수 있는 일을 하며 맞닥뜨리면, 감옥이 됐든 참수의 자리가 됐든 갈 곳으로 간다.

기시모토 히데오 교수는 매일매일 죽음과 대결하는 마음의 고뇌 속에서, 자신이 세운 목표에 몰입하여 삶의 보람과 생명의 활기를 되찾으려 했지만, 뜻대로 되지 않았다. 그러다가 매일 밤마다 잠자리에 들 때가 자신과 결별하는 '이별의 때'라는 것을 깨닫고서야 비로소 죽음을 정면으로 대할 수 있게 됐다,

---

* 18세기 무사 야마모토 조초山本常朝의 말을 기록한 책.
** 일본 옛 춤의 하나.

라고 썼다. 자신의 결의에 의해서 전두 연합 영역에서 영위되는 생에 대한 집착의 마음을 억지할 수 있었다는 이야기다. 생에도 철저하고 죽음에도 철저한, 깨달음을 이룬 고명한 승려의 모습이 느껴지는 대목이다.

뇌사자의 심장 기증이 계기가 되어 사망 시점의 판정을 둘러싼 엄격한 논의가 전개되고 있다. 인간을 조정하는 뇌의 비가역적인 기능 정지, 즉 뇌사 시점을 과학적으로 판정할 수는 있겠지만, 과연 뇌사가 곧 죽음이라고 즉단할 수 있을지. 인간으로서의 죽음의 인정은 한 명 한 명의 심정, 혹은 그 나라의 풍토에서 배양된 국민감정에 기초한 것이어야 한다. 외국에서의 죽음의 판정 기준과 일본의 그것이 반드시 같아야 할 이유는 없다.

암 등의 불치병을 환자에게 알려야 하나 말아야 하나 하는 문제도 국민감정과 환자의 심정과 환자를 접하는 사람의 마음가짐 등을 고려하여 한 사람 한 사람의 환자에 따라 모두 다르게 대처해야 할 사안이다.

마음의 울적함, 열등감, 질투심 등은 놀이나 일의 기쁨으로 변상될 수 있지만 회피할 수 없는 죽음에 대한 불안은 다른 무엇에 의해서도 변상받을 수 없다고 하는 혹독함이 있다. 그렇기 때문에라도 오히려 매일매일을 '날마다 좋은 날'의 마음가짐으로 살아갔으면 한다.

27. 인간은 왜 서로 죽이는가

명작 『신 헤이케 이야기新平家物語』를 8년에 걸쳐서 쓴 요시
카와 에이지는 자신의 작품에 대해 "식食, 성性, 투鬪, 이 세 가
지는 인간이 갖고 있는 최대의 본능이다. 오늘까지의 지구상의
인간 역사는 투쟁 본능의 동력이 굴려 왔다고 해도 좋다"고 간
파하고, 이 투쟁 본능을 축으로 하여 이야기를 전개했다고 말
했다. 시집보다 군서軍書*를 읽으며 슬픔을 느끼는 것은 요시노
야마**만이 아니다. 인간의 역사에서 전쟁의 기록을 빼면 뭐가

---

* 군사상의 일이 기재되어 있는 문서.

** 요시노에 있는 산 이름. 1336년에 아시카가 다카우지가 고묘 천황을 옹립
해 북조를 수립한 뒤 무로마치 막부를 열었고, 고다이고 천황은 요시노에
남조를 수립해 일본 열도의 왕조는 둘로 분열되었다.

남을까.

사자는 식욕을 채우기 위해 얼룩말을 쓰러뜨리지만, 사자끼리의 다툼에서는 결코 상대를 죽이지 않는다. 그러나 우리 인간은 호모 사피엔스(지혜 있는 사람)라고 하면서도 서로를 죽인다. 인간의 투쟁에는 피비린내가 떠돌고, 군서는 피에 젖어 있다.

왜일까. 행인지 불행인지, 우리로 하여금 개성을 갖게 하고 자주적으로 행동하게 하는 신피질의 전두 연합 영역이 너무나도 잘 발달했기 때문에 이런 일이 벌어진다.

우리 인간은 얼굴 모양이 다르듯이 개성을 가진 주체적 존재이다. 개성이란 외부에서 주어진 지식의 집적이 아니라, 스스로 생각하고 스스로 추구하고 스스로 익힌 지능과 성격의 총합이다. 사고나 체험이 시간의 흐름을 타고 쌓아 올려진 인생의 연륜이다. 개성이 있는 인간에게는 살아온 시간이라든가 연공이라는 것이 중시되지만, 개성이 없는 기계는 ××형이라든가 ○○식이라는 '형'과 '식'만이 중요하다. 동물에게는 개성이 없기 때문에 원숭이나 고양이의 나이는 그다지 화제가 되지 않는다.

전두 연합 영역이 작동하기 시작하는 3, 4세 무렵이 되면 아이는 자신을 인식하고 자신을 주장하게 된다. 자신과 짝이 미분화 상태에 있던 일란성 쌍생아도 4세 무렵이 되면 자신과 짝

	1세	1세 반	2세	2세 반	3세
자신이 이름	17%	38%	72%	74%	83%
나ボク	–	–	15%	31%	60%
저ワタシ	–	–	1.7%	1.9%	13%

표 6

을 구별하고 짝을 다른 인간으로서 인식하는, 자아와 타아의 의식이 생겨난다. 물론 한두 살 아기는 자신과 타인을 구별할 줄은 알지만, 자신을 주장하지는 못한다.

4, 5세가 되면, 아이는 어머니로부터 자신을 분리하여 자신의 존재를 확립하고 주장하게 된다. 자신이 상처입거나 자신의 존재가 무시되거나 할 때 슬퍼하게 되는 것은 이 무렵부터이다. 그건 그 아이에게 개성, 자아의식이 싹트고 있다는 증거이다. 아이에게 개성이 싹트고 있다는 사실은 아이가 하는 말 속에서도 읽어낼 수 있다. 「표 6」은 국립국어연구소가 조사한 것으로, 자기 자신을 부르는 말이 나이를 먹음에 따라 어떤 추이를 갖는지 보여준다. 자신의 이름과 '나ボク' '저ワタシ'라는 자신을 가리키는 대명사를 입에 올리는 빈도가 나이를 먹음에 따라서 늘어간다는 것을 확인할 수 있다.

아이의 개성이 발달하고 있다는 사실은 집단 속에서 아이가 하는 행동이 나이를 먹음에 따라 어떻게 달라지는가를 관찰함으로써도 알 수 있다. 아이는 5세가 되면 한편으로는 기본적 생활습관(식사, 수면, 배설, 옷 입기, 손 씻고 이 닦기)을 완전히 익히고, 다른 한편으로는 사회라는 집단 속에서 자립하고 자기주장을 해갈 수 있게 된다. 그리고 집단 속에서 다른 아이를 돕거나, 같이 놀자고 하거나, 다른 아이의 잘못을 지적하거나, 자신이 잘못했을 때 사과하거나 하는 등, 개인과 개인으로서의 접촉과 관계를 만들 수 있게 된다.

그러다가 개성이 몸에 붙고 자신을 주장하게 되면, 경쟁심이나 우월감이나 자부심이 표출되기 시작한다. 경쟁의식이 싹틈에 따라 대뇌변연계에서 연출되는 다툼하고는 성격이 다른 다툼이 생겨나기 시작한다.

2, 3세 아이에게는 달리기를 시켜도 전혀 시합이 되지 않는다. 모두가 함께 달릴 뿐이다. 그런데 4, 5세가 되면 1등을 다투게 되어서 시합을 하는 것이 가능해진다.

대역사학자 토인비A. J. Toynbee가 말했다—"물질적인 적대행위라는 무력 전쟁은 폐지되고 정지되더라도, 정신적인 투쟁은 없어질 수 없다. 그리고 이 투쟁의 마음은 인간의 원죄이며 이 마음이 우리의 창조 행위를 발동시키며 우리로 하여금 이상 실현을 위해 노력하게 한다"라고. 그리고 우리 인간의 한없는 정신적인 투쟁에 대해 윌리엄 블레이크William Blake가 적절하게도 다음과 같이 시를 빌려 읊었다.

잉글랜드의, 초록의 편안한 땅에

신의 왕국 예루살렘을 세울 때까지

나는, 정신적인 투쟁을 멈추지 않는다

나 자신의 검을 헛되이 차지도 않는다

우리 인간은 전두 연합 영역에 싹트는 경쟁의식으로 인해 야심에 불타오르고 정복욕에 사로잡힌다. 그것이 더 심해지면 상대를 없애버리는 살인의 마음으로 폭발한다. 개성의 자리, 창조의 자리인 전두 연합 영역은 우리 인간의 혈관 속에 살인 자의 피를 세차게 흐르게 하고, 우리를 동족상쟁(서로 죽고 죽이는)의 살인 행위로 내몬다.

경쟁의식에는 또한 열등감, 시샘, 질투심, 원망이 따른다. 아이는 4세를 넘기면 시샘하는 마음을 갖게 되고, 6, 7세가 되면 분하다는 말을 입에 올리게 된다. 이것 또한 인간의 원죄이며 심해지면 섹스피어의 비극 『오셀로』와 같은 슬픈 결말을 불러 올 수 있다. 부모 자식, 형제간 골육상쟁의 피투성이 사건이 벌어질 수 있는 것이다.

이에 대해 인간은 한편으로는 전두 연합 영역의 억지력에 의해 살인 행위로 폭주하는 것을 억지하며, 다른 편으로는 우리가 고안한 게임을 통하여 열등감이나 질투심을 해소한다. 그러기 위해서는 게임에서의 승부의 세계는 마음 내키는 대로 경쟁하여 자웅을 겨루는 것이 아니라, 엄격한 룰에 의해 규제되는 것이어야 한다. 인종이나 국가나 이데올로기의 차이를 초월하여 기술을 경쟁하는 "올림픽은 이기는 것이 아니라 참가하는 것이다"라고 가르친 쿠베르탱 남작의 진의는 여기에 있는 터이다.

그렇다고는 하나 의지에 의한 억지력에도 한도가 있고, 게임을 통한 해소에도 한계가 있다. 지금 이 순간에도 이 지구 어딘가에서 인간 사이의 쟁투에 의해 많은 고귀한 생명이 사라지고 있는 것이 현실이다. 총을 사용하면 서로 생명을 잃을 것을 잘 알면서도 싸움을 멈추지 못하는 우리 인간이 실은 동물보다도 어리석다는 것을 지적하고, 인간이 보여준 수많은 우행을 폭로한 후 다음과 같이 단정한 샤를 리셰에게, 우리는 뭐라고 변명할 여지가 없다.

인간을 호모 스툴티시무스(가장 어리석은 인간)이라고 부르고 싶지만, 최상급의 형용사는 접어두고 호모 스툴투스(homo stultus, 어리석은 인간) 정도로 봐주겠다.

평화를 이야기하고 전쟁을 논하는 우리는 이 추한 '인간인 모습', 동물보다도 열등한 인간의 우행에 눈을 감아서는 안 된다. 프랑스의 어느 시인이 한 말―"인간이 시선만으로 상대를 죽일 수 있다면, 거리란 거리는 모두 사체로 즐비할 것이다"
이 말의 의미를, 모두들 한 번 더 생각해봤으면 한다.

28. 인간은 왜 걱정이 많은가

사이카쿠*가 1689년에 썼다고 하는 『혼초오인히지本朝桜陰比事』라는 작품 속에, 「백파의 맥 짚는 승려」라고 하는, 다음과 같은 줄거리의 이야기가 있다.

어느 상점에서 돈을 도둑맞았는데 범인은 내부 종업원인 것 같았다. 조사해도 쉽게 자백하지 않을 것이고, 물론 얼굴 표정만 봐가지고서는 누가 도둑인지 가려낼 수가 없다. 그래서 문초를 맡은 관리는 고문을 하는 대신 의사를 불러서 맥을 짚게 했다. 그러자 한 남자가 겉으로는 냉정을 가장했지만 맥박이

---

* 이하라 사이카쿠井原西鶴, 일본 에도시대 작가.

뛰는 것이 흐트러져 있어서 수상하다고 보고 추궁했더니 결국 자백했다.

지금이라면 거짓말탐지기(폴리그래프)를 쓸 테지만 그런 것이 없었던 시기의 일로서, 실로 거짓말탐지기의 고대판이라 할 만하다.

마음의 응어리나 양심의 가책이 심장의 작동에 영향을 미친 예인데, 걱정이 크면 심장만 문제가 되는 것이 아니라 식욕이 없어지거나 설사를 하거나 위궤양이 되기도 한다. 또, 마음에 걸리는 일이 있으면 운동 동작에까지 영향이 미친다는 것을 우리는 일상생활에서 늘 경험하고 있다.『단노우라가부토 군기壇浦兜軍記』*의 세 번째 이야기三段落「아토야의 코토제메」에도 그런 점이 잘 그려져 있다.

다이라노 가게키요가 다이라가平家의 재흥을 도모하고자 한 음모가 발각되어 감옥에 들어가게 됐다. 그런데 교묘히 탈옥하여 행방을 감추고 말았다. 결국 가게키요의 정인 아코야를 소환하여 문초했으나 모른다고 하여 결말이 나지 않는다. 문초를

---

* 조루리, 시대극.

담당한 이와나가 사에몬은 고문을 해서 실토하게 하려 했지만 판관인 하타케야마 시게타다는 고문 대신 아코야에게 세 곡을 연주해보라고 하고는 거문고 가락, 샤미센의 연주 솜씨, 호궁의 소리를 가만히 귀 기울여 들은 다음, 야코야를 석방하라고 진언했다. 이와나가가 어째서 석방하라고 하는지 묻자 시게타다가 말하기를, 아코야가 가게키요의 행방을 알고 숨겼다면 마음에 거리낌이 있어서 연주하는 손에 흐트러짐이 있었을 것이다, 그런데 아코야가 연주한 곡에는 조금의 흔들림도 없었다, 이것은 아코야가 정말로 가게키요의 행방을 모른다는 증거라며 이와나가를 납득시켰다.

이와 같이 신경 쓰거나 걱정하거나 불안에 떨거나 하는 정신 활동으로 인하여 내장의 활동이나 운동 동작이나 사고나 판단에까지 영향을 미치는 일은 우리 인간에게만 일어난다. 설마 고양이가 내일의 날씨를 신경 쓰거나, 침팬지가 내년의 운세를 걱정하거나 하지는 않을 것이다.

약 2년여에 걸쳐서 고릴라의 생태를 자세히 관찰한『고릴라의 계절』의 저자 샬러G. B. Schaller도 이렇게 썼다. "고릴라는 현재에 살고, 생활을 그대로 받아들이고 있으며, 자신의 운명에 완전히 만족하고 있는 것 같아 보인다." 고릴라에게는 아무런 불만도 걱정거리도 없는 것이다.

3세 무렵까지의 아기도 그렇다. 본능에 관계된 욕구불만이 있을 때에는 정동의 마음emotion을 거리낌 없이 드러내서 해결한다. 그러나 조금 전에 있었던 일을 생각하며 고심하거나 걱정하거나 하는 모습은 볼 수 없다.

그럼 도대체 근심이나 걱정, 불안은 어떤 구조에서 일어나고, 그것이 어떤 메커니즘으로 내장의 활동을 흐트러뜨리거나 운동 동작이나 사고나 판단을 그르치게 하는 것일까.

뇌의 통합 작용의 중심인 뇌간·척수계, 대뇌변연계, 신피질계는 서로 아무 관계가 없이 작동하는 것이 아니라 상위 계系가 하위 계에 대하여 통제, 조정의 작용을 하는 방식으로 구조화되어 있다. 그래서 예를 들어 아기에게서 보이는 원시반사primitive reflex는 상위 통합계가 성숙함에 따라 머지않아 억압되어 일어나지 않게 된다. 그러나 질병 등으로 인해 상위 통합계의 통제력이 없어지면, 병적 반사pathological reflex로서 다시 나타난다.

그런데 인간이 집단생활을 제대로 영위할 수 있으려면, 본능과 정동의 자리인 대뇌변연계는 신피질계로부터 통제를 받아 활동이 억지되어야 한다. 그 결과, 인간의 본능이나 정동의 욕구는 불만(프러스트레이션) 상태에 놓이게 된다. 즉 인간은 집단생활을 제대로 영위하기 위하여 상대방에 대해 신경을 쓰거나 배려하거나 하다가 그 와중에 속으로 초조해하거나 부글 부글 끓게 되거나 하는 것이다. 이 과정에서 대뇌변연계가 왜곡된다. 대뇌변연계가 왜곡되면 그 하위 통합계인 뇌간·척수계의 작동을 그르치게 하여 거기서 영위되는 '몸의 지혜'를 흐트러뜨려 몸의 건강을 망치게 하기도 하며, 나아가 또한 상위의 통합계인 신피질계에도 영향을 미쳐서 거기서 영위되는 고등한 정신 활동도 흔들리게 만든다.*

이 사실은 동물 실험으로 증명할 수 있다. 두 마리의 원숭이를 짝으로 해서 그중 한 마리에게만 통증을 회피하는 레버 누르기의 조건 행동을 하게 하면, 3주 후에는 레버 누르기 책임을 맡긴 원숭이에게 십이지장궤양이 생긴다. 더 직접적인 방식을 사용하여 원숭이의 대뇌변연계에 속하는 시상하부에 전극을 심고 4시간마다 짧은 전기 자극을 3개월간 반복하면 위나 십이지장에 궤양이 생기는 것을 관찰할 수 있다.

또, 한배에서 난 토끼를 두 팀으로 나누고, 한쪽 팀의 토끼는 좀 전의 원숭이처럼 시상하부에 반복해서 전기 자극을 받도록

---

* 여기서 대뇌변연계의 '왜곡'이라는 말은 오늘날 '스트레스'라는 말로 많이 표현된다. 스트레스는 원래 물리학이나 공학에서 쓰이는 말로 외부로부터 힘을 받아 고체 내부가 비틀림을 받거나 일그러지는 현상을 일컫는 말인데, 이것이 심리학 또는 생물학에서 외부에서 오는 변화나 도전이 생명체에 부담이 될 때 그 생명체에 나타나는 기능적 반응을 일컫는 말로 전용되었다.

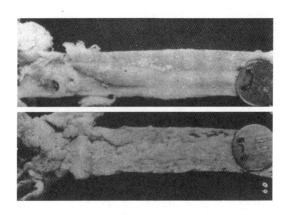

그림 26. (위) 토끼의 정상적인 대동맥
(아래) 토끼의 시상하부를 반복적으로 전기 자극하여 동맥경화증을 일으킨 상태

하고, 다른 팀은 자극을 받지 않게 한다. 그리고 양쪽 팀 모두 사료 안에 소량의 콜레스테롤을 넣어두면, 자극을 받은 팀에서는 3개월쯤 지나면 「그림 26」에 나타나듯이 동맥경화 증상이 일어나는 것이 관찰된다.

이런 실험은 대뇌변연계에 대한 직접적인 전기 자극이 정신에 스트레스를 주고 그로 인해서 뇌간·척수계의 정상적인 작동이 흐트러진다는 것을 보여준다.

우리 인간의 경우 신피질에서 훌륭하게 발달해 있는 전두 연합 영역이 이성, 지성에 의한 억제의 구조를 통해 대뇌변연계를 통제한다. 그런데 전두 연합 영역에서 영위되는 진취적으로 '더 잘' 살아가고자 하는 정신에 늘 따라다니는 걱정이나 불안, 전두 연합 영역의 경쟁의식에서 오는 물욕, 명예욕, 권력욕 등의 욕망이 생각처럼 이뤄지지 않는 데에서 오는 욕망 불만, 경쟁의식의 정반대인 열등감, 시기, 질투심, 짜증 등은 한편으로는 대뇌변연계를 매개로 하여 뇌간·척수계에 영향을 미치고, 다른 한편으로는 신피질계 그 자체의 작동을 흐트러뜨리게 된다.

다행히도 우리 인간은 잠깐 동안이라도 전두 연합 영역의 작동을 마비시킴으로써 하위 통합계에 대한 억제의 메커니즘을 완화하고, 불안이나 걱정이나 모든 욕망 불만을 없애는 생활의 지혜를 갖고 있다. 기분 전환을 위해 마시는 술이나 노래나 춤이나 게임 등이 그것이다.

또한 우리 인간은 인간만이 할 수 있는 공부의 기쁨, 일의 기쁨, 창조의 기쁨의 마음으로 불안이나 욕구 불만을 해소할 줄도 안다.

그렇기는 하나 모든 것이 뜻대로만 되지는 않는다. 그래서 한편으로는 경쟁심에 서로 다투다가 심지어 살인을 저지르게 되기도 하고, 다른 한편으로는 뇌간·척수계를 좀먹어 몸의 건강을 해치기도 한다. '병은 마음먹기에 달렸다'라는 말이 나오는 것도 이 때문이다. 요즘 들어 '발병이나 경과에 심리적 요인이 중요한 의미를 갖는 신체 질병'이라고 정의되고 있는 심신증(心身症, psychosomatic disease)을 대상으로 하는 정신신체의학psychosomatics이 각광을 받고 있는 것도 이 때문이다.

심신증은 피부의 병(원형탈모증, 만성담마진), 순환기의 병(심장신경증, 본태성 고혈압), 소화기의 병(만성위염, 소화성궤양), 자율신경 실조증, 불면 등 일일이 다 열거할 수 없을 만큼 많다.

심신증 치료의 목표가 정신의 왜곡을 교정하는 데에 있는 것은 당연하다. 향정신약에 의한 약물치료법, 상담에 의한 심리요법, 자율훈련법, 최면요법, 작업요법 등 다양한 방법이 사용되지만 목표하는 바는 같다.

여하튼 인간의 지혜를 작동하여 "바람이 성긴 대숲에 불어와도 바람이 지나가면 그 소리를 남기지 않는다. 기러기가 차가운 연못을 지나가도 기러기가 지나가고 나면 그 그림자를 남기지 않는다"의 『채근담』의 심경을 늘 가졌으면 한다.

29. 인간은 왜 놀이를 하는가

　네덜란드의 문명사가 하위징아는 『호모 루덴스(homo ludens, 놀이하는 인간』라는 책에서 우리 인간의 문명은 모두 놀이에서 시작됐다고 썼다. 그의 논지에 전면적으로는 찬성할 수 없지만, '인간인 모습' 중 한 측면을 포착하고 있는 것은 분명하다.

　아기는 아기 나름으로, 아이는 아이들끼리, 어른은 어른대로 놀이를 즐긴다. 문명이 번성하고 대인관계가 엄격해질수록 놀이를 더 강렬하게 추구하는 경향이 있다는 사실은 부정할 수 없다.

　우리 인간만이 아니다. 동물도 꽤 잘 논다. 일본원숭이의 새끼나 비교적 어린 원숭이도 잘 논다. 그런데 이 원숭이는 7, 8세에 어른이 되면 노는 것을 딱 멈춘다고 한다. 고릴라도 6세가 되면 놀지 않게 되는 모양이다. 동물 어른은 놀지 않는데, 우리 인간은 문명의 진보와 함께 어른 대상의 여러 가지 놀이를 고안해냈다. 어떻게 된 것일까. 논다는 것의 본질을 뇌의 구조에 맞추어 풀어내면 그 답이 나올 것이다.

논다고 하는 행동이나 행위는 네 가지 다른 정신에 의해 연출되고 있으므로 논다고 해도 그 내용은 전혀 이질적이라고 할 수 있다.

첫째, 놀이는 모방하려는 마음에서 하는 행동이다. 동물의 뇌는 태어났을 때 거의 대부분 성숙해 있지만, 미성숙한 부분도 있다. 인간은 특히 더 그렇다. 이 미성숙한 부분은 새끼 때의 모방 행동에 의해 완성되어가며, 이때의 모방 행동이 놀이이다. 놀이를 통해 정신의 발달뿐 아니라 신체의 발달도 촉진되고 사회성도 익히게 된다. 그러나 놀이의 상대는 반드시 동물이나 인간이 아니라도 좋다. 인간의 아기는 부모나 형제를 상대로 하여 노는 것은 물론이고 개나 고양이와도 놀고 인형이나 장난감하고도 논다. 때로는 자신을 상대로 해서 노는 일도 있을 것이다. 뇌의 발달, 그리고 인간 형성을 향한 꾸준한 발걸음이다. 원숭이는 놀이가 갖는 이러한 목적이 달성되어 드디어 어른이 되면 더 이상 놀지 않게 된다. 그런데 우리 인간은 이 방법 저 방법으로 놀이를 한다. 원숭이에게는 그와 같은 놀이를 필요로 하는 전두 연합 영역이 발달해 있지 않지만 인간에게는 발달해 있기 때문이다.

둘째, 놀이는 기분 전환이다. 신피질의 이성, 지성에 의해 끊임없이 억압되고 있는 변연피질의 본능의 욕구와 정동의 마음을 마음껏 충족시켜주는 것이 목적이다.

집단생활 속의 엄격한 대인관계는 우리로 하여금 여러 가지로 주위를 배려하게 하고 신경을 쓰게 한다. 이로 인해 일어나는 욕구 불만은 정도가 심해지면 변연피질의 정상적인 작동을 흐트러뜨릴 수 있다. 그래서 우리는 여러 가지 수단을 이용해 잠시 동안 이성, 지성의 자리인 신피질, 특히 억지력을 낳는 전두 연합 영역의 작동을 약화시키고 그 틈에 응어리진 욕구 불만을 해소하여, 변연피질의 흐트러짐을 교정하려 하는 것이다.

다행히도 우리의 조상은 신피질의 작동을 약화시키는 수단을 연구하여 그것을 계승해주었다. 우리 인간은 이 생활의 지혜를 알게 모르게 활용하여 뇌를 지키고 있다.

그 수단의 하나는 알코올이다. 신피질은 알코올에 매우 민감하게 반응하기 때문에 변연피질이 아직 알코올에 항복하지 않았는데도, 먼저 마비가 시작된다. 신피질이 마비되면서 식욕, 색욕은 더욱더 왕성해져서 서로 닿거나 안거나 하는 집단욕이 고조되고, 심히 유쾌해지기도 하며 쉽게 화를 내게도 된다. 거나하게 취한 인생은 신피질이 마비되고 변연피질은 완전히 해방된 때다. 이것은 노랫말에도 있듯이 '마음의 근심을 버릴 기회'가 된다.

> 오늘 밤, 또, 그 술통을 꺼내자
> 약간의 술로 마음을 부풀리고
> 신앙과 이지의 고삐를 풀자
> 포도나무의 딸을 하룻밤 아내로 삼자
>
> —『루바이야트』에서

'페르시아의 레오나르도 다빈치'라 불리는 오마르 하이얌 Umar Khayyam의 유명한 4행시이다. '포도나무의 딸'이란, 포도주를 말하는데, 술의 효용을 얄미우리만치 잘 표현했다.

또 하나의 수단은 뇌에 리드미컬한 자극을 주는 것이다. 신피질계를 리드미컬하게 자극하면 통합의 자리인 신피질의 활동이 약해지고 의식의 수준이 저하되면서 그 결과 신피질에서 영위되는 이성이나 지성의 억지력이 둔화되는데, 그 틈에 마음의 울적함을 없애는 것이다. 신피질은 특히 소리나 몸의 운동 등의 기계적 자극에 휘청거리기 쉽다. 연중행사에 노래와 춤이 늘 따라오는 것은 리드미컬한 노래와 춤으로 울적함을 풀고 마음을 세탁하기 위해서이다. 어떤 미개사회에도 술과 함께 리드미컬한 노래와 춤은 있다. 일본에서도 저 옛날 신화시대부터 노래가 있었고 춤이 있었고 그리고 '신도 술은 마신다'고 했다.

셋째, 놀이는 시합으로 승부를 거는 것이다. 토끼와 거북이의 달리기 시합은 잘 알려진 이야기지만 픽션일 뿐이다. 동물의 세계에는 시합이 없다. 그에 비해서 우리 인간은 올림픽 게임을 정점으로 여러 가지 시합을 고안해내어 노는 데 정신을 판다. 왜일까.

우리 인간에게만 있는 전두 연합 영역에 갖춰져 있는 경쟁의식, 그리고 그 이면의 열등감과 질투심은, 까딱하면 살인에까지 이를 수도 있다. 그것을 얼마간이라도 해소하려고 하는 것이 시합의 세계이다. 시합의 세계에는 직장에서의 지위의 고하는 통용되지 않는다. 일을 하면서 쌓인 울분을 마작 테이블이나 바둑판이나 골프장에서 풀어내는 것이다. 그래서 생존경쟁이 치열해지면 질수록 시합도 더 번성한다.

넷째, 놀이는 기예를 익히거나 취미 생활 혹은 일상 행위에서 창조의 기쁨을 경험하는 방법이다. 이것 또한 우리 인간만이 할 수 있는 것이다.

도쿄의 한 초등학교에서 4학년과 5학년 아이들에게 공부하고 싶은지, 놀고 싶은지에 대해 앙케트를 실시했더니, 4학년은 95%가 놀고 싶다고, 5학년은 87%가 놀고 싶다고 답했다고 한다. 4학년이나 5학년 아이들이 놀고 싶다고 하는 것은, 한잔 마시고 싶다든가 마작을 하고 싶다는 게 아니라 자신들에게 창조의 기쁨을 경험하게 해달라고 하는 요구일 것이다. 학부모나 교사들이 마음에 새길 일이다.

　이상 놀이의 존재 이유에 대해 네 가지를 들어 살펴보았다. 그러나 이 중 두 번째나 세 번째는 돈만 있으면 바보라도 할 수 있는 놀이일 것이다. 우리는 때로는 이렇게 바보라도 할 수 있는 놀이를 하지만, 또한 인간만이 할 수 있는 네 번째, 창조의 기쁨을 추구하기도 한다는 데서 인간의 미래를 본다.

30. 인간은 왜 자는가

짹짹 지저귀는 참새를 죽이고

꼬끼오 우는 닭을 잡고 나니

매일매일 날이 새지 않아서

1년치나 잤다

　　　─『중국문학강화』, 구라이시 다케시로 옮김, 이와나미쇼텐

중국의 남북조시대(420~589) 장강 하류 오나라에서 불렸던 독곡가読曲歌* 중 하나인데, 사람이 병이 든 상태가 아닌 한 노랫말에서처럼 1년치 잠을 몰아서 자둘 수는 없다.

---

* 송나라 곽무천이 남조의 민가를 모아 펴낸 악부시집樂府詩集에 수록된 시.

잠드는 것과 잠에서 깨는 것은 우리 몸에 갖춰져 있는 기본적 리듬의 하나로, 미리 자둔다거나 계속 깨어 있다거나 하는 것은 불가능하다. 인간의 뇌는 정상적으로 작동하기 위해서는 매일 몇 시간쯤은 자야 한다.

갓 태어난 아기는 하루에도 조금씩 몇 번을 자다 깨다 하지만, 얼마 안 가서 날이 새면 잠에서 깨고 밤이 오면 잠을 자는 리듬이 정착된다. 그리고 한번 이와 같은 리듬이 정착되면 그것을 바꾸는 것은 좀처럼 쉽지 않다는 것을 비행기를 타고 외국 여행을 해보면 누구나 알 수 있다. 낮밤을 거꾸로 하여 생활해보면 정신 활동 쪽은 일주일이면 완전히 역전하여 적응이 되지만, 낮에 높아지고 밤에 낮아지는 체온이 완전히 역전하는 데에는 13주나 걸린다고 한다. 이처럼 의식과는 달리 생체의 리듬은 좀처럼 바뀌지 않는 것 같다.

잠자는 시간은 나이를 먹으면서 짧아진다. 갓 태어난 아기는 하루에 15시간 정도 자는데, 5세가 되면 10시간, 10세가 되면 9시간 정도가 되고, 15세 무렵부터는 7, 8시간만 자도 충분하다. 단 이것은 평균치일 뿐 잠자는 시간은 사람에 따라서 매우 다르다. 4, 5시간만 자도 충분하다고 하는 단면가短眠家가 있는가 하면, 10시간을 자도 아직 부족하다고 한탄하는 사람도 있다. 결국 필요한 잠은 잠자는 시간과 잠의 깊이를 곱해서 구한 잠의 양이다. 이렇게 구한 잠의 양이 일정한 수치에 도달하면 필요한 잠이 충족되어 잠에서 깨는 구조로 되어 있는 것이다.

우리는 며칠쯤 잠을 안 자고 깨어 있을 수 있을까. 잠은 뇌의 신경세포에 휴식을 주는 시간이므로, 오랫동안 잠을 안 자면 신경세포가 손상된다. 따라서 잠을 안 재우는 실험을 그리 쉽사리는 행할 수 없다. 옛날 중국이나 프랑스에서 사형이나 고문을 할 때 잠을 안 재우는 방법을 쓴 적이 있다고 하고, 일본에서도 '비몽사몽고문'이라는 형벌이 있었다고 하는데, 꼭 소문만은 아닌 것 같다.

267시간의 단면이 세계기록이라고 기록되어 있는데, 과학적으로 신빙성은 낮다. 학술잡지에 발표된 것은 미국에서 17세의 고등학생이 실행한 264시간(11일간)이지만, 이것도 확인할 수 없다.

필자의 연구실에서 엄중한 감시 아래 1966년 8월에 23세의 화가인 청년에게 잠을 안 자는 실험을 실행하여, 101시간 8분 30초의 기록을 만들 수 있었다. 과학적 신빙성이 있는 세계기록이다.

이 기간 동안에는 체온, 혈압, 심박, 호흡수 등 신체 면에서는 전혀 변화를 볼 수 없었다. 식욕은 오히려 좋아졌고 체중은 1.5kg이나 증가했을 정도다. 낮에는 높고 밤에는 낮아지는 체온의 리듬도 무너지지 않았다.

그런데 정신 활동에는 상당한 영향이 나타났다. 처음 이틀간은 그다지 어려움 없이 깨어 있을 수 있었고 정상적인 정신 활동을 할 수 있었는데, 3일째가 되자 자신의 의지로 깨어 있는 것이 매우 어려워졌다. 고등한 정신 활동 상태를 조사하는 프리커 테스트나 우치다·크레펠린 계산 테스트의 성적이 3일째에는 갑자기 나빠졌다. 나아가 착각이나 환시 등이 일어나게 됐다. 첫 이틀 동안은 그림 붓을 들고 있었는데, 3일째에는 그릴 의욕이 없어지고, 결국 붓을 던져버렸다. 이 귀중한 실험으로 알게 된 것은 고등한 정신 활동의 자리인 신피질은 기껏해야 이틀밖에 연속해서 깨어 있을 수 없다는 사실이다.

잠 부족은 대뇌피질의 신경세포에만 영향을 미치는 것이 아니다. 잠을 안 자면 신체의 활동도 약해진다. 항문이나 방광의 괄약근, 안륜근 등은 별개로 쳐도, 근육의 긴장이 약화되고, 운동도 줄어든다. 자율신경계가 지배하는 내장은 대체로 교감신경의 활동이 약해지고 거꾸로 부교감신경의 활동이 강해진다. 구체적으로는 기초대사가 떨어지고 체온은 낮아지며 심장의 수축이나 맥박이나 혈압은 감소한다. 피부의 혈관은 열려서 충혈이 되는데, 내장 쪽은 오히려 빈혈이 된다. 호흡은 얕아지고 호흡수는 감소한다. 소화기의 운동은 약화하고 소화액의 분비는 감소하며, 오줌이나 눈물 등의 분비도 감소한다. 동공은 작아진다.

결국 인간은 반드시 잠을 자야 한다는 것인데, 그렇다면 잠은 어떤 메커니즘을 갖는지 알아보도록 하자. 지금까지 잠에 대해서는 여러 가지 학설이 나왔지만, 실험적 입증이 없는 억설이 많았다.

1937년경부터 '의식'이라는 정신 현상을 생리학적 용어로 설명하고 그것을 밑받침하는 해부학적 실체를 밝히려는 수면과 각성의 구조를 밝히는 작업이 시작됐다. 벨기에의 브레머F. Bremer, 미국의 매군H. W. Magoun이나 겔혼E. Gellhorn, 이탈리아의 모루치G. Moruzzi, 캐나다의 재스퍼H. H. Jasper 등의 뇌생리학자 등이 그러한 작업을 선도했다. 이들은 한편으로는 뇌의 신경세포에서 발생되는 생물전기인 뇌파EEG(electro-encephalography)를 의식 수준의 기준으로 삼고, 다른 편으로는 동물이나 인간의 뇌의 내부 임의의 장소에 전극을 찔러 넣어 자극하거나 파괴하거나 뇌파를 도출하거나 할 수 있는 뇌정위고정腦定位固定 장치를 사용하는 등 여러 가지 새로운 방식으로 연구를 진행했다. 그러한 연구 결과 중에서도 수면과 각성을 통제하는 구조를 뇌간의 망상체에 설정한 매군의 망상체활성계와 모루치의 망상체억제계, 그리고 그와는 달리 수면과 각성의 통제 구조를 시상하부에 설정한 겔혼의 시상하부촉진계와 억제계 등이 대표적인 것이다.

나는 이전에 매군의 연구실과 겔혼의 연구실 양쪽에 발을

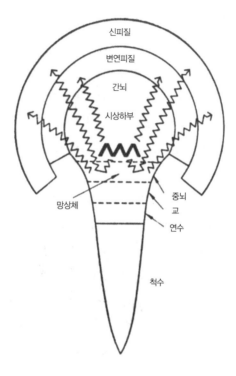

그림 27. 시상하부조절계

담겼었다. 한 사람은 수면과 각성(깨어남)의 시스템을 뇌간의 망상체에 설정했고 다른 한 사람은 시상하부에 설정한 것인데, 나는 이 둘 사이의 대립된 구상을 조정해보기로 했다. 다행히도 양자의 대립의 원인은 의식의 자리를 신피질만으로 한정했기 때문이라는 것을 깨닫고, 변연피질 또한 의식의 자리라는 가정하에 실험을 진행하여, 대립했던 양자의 구상을 조정하는 데에 성공했다.

수면과 각성의 구조로서, 내가 설정한 시상하부조절계 구상을,「그림 27」에 모형적으로 제시해놨다. 수면과 각성의 리듬이 형성되는 자리는 시상하부에 있고, 여기에서 변연피질과 신피질의 활동 수준을 통제한다. 그리고 신피질은 망상체로부터 부차적인 통제를 받는다.

그런데 수면과 각성의 리듬이 형성되는 시상하부의 구조에는 체액성体液性 요인이 관여하고 있다. 콜린작동성물질(아세틸콜린)이나 아드레날린작동성물질(세로토닌), 대사산물(저급지방산) 등의 효과가 실험으로 확인되고 있다. 그러나 이들 물질의 작용 메커니즘이나 상호관계는 아직 확실하게 규명되어 있지 않다. 리듬 형성의 기조를 이루는 것은 대사산물이며 콜린작동성, 아드레날린작동성 물질은 방아쇠 역할을 하고 있는 것은 아닌가 하는 생각도 든다. 앞으로 남은 흥미로운 연구 과제이다.

식욕은 식당에서, 휴식은 벤치에서, 라고 하듯이 원하는 아무 때나 잠자게 해주는 수면판매소의 꿈이 실현되는 것은 언제일까.*

---

* 이후 밝혀진 수면과 각성의 기전을 소개하면 다음과 같다. 뇌가 깨어 있으려면 대뇌피질이 깨어 있도록 자극을 주어야 하는데 뇌간의 망성활성계reticular activation system, RAS가 그 역할을 담당한다. 눈의 망막에 빛이 닿으면 신경세포에서 글루타메이트가 분비되면서 이것이 후측 시상하부를 자극한다. 그러면 후측 시상하부에서 히포크레틴(오렉신)이 분비되고 이것에 자극받아 뇌간의 망상활성계가 가동된다. 가동된 망상활성계는 아세틸콜린, 노르에피네프린, 도파민, 세로토닌 등의 각성을 위한 다양한 흥분성 신경전달물질을 생산하여 대뇌피질에 공급함으로써 대뇌피질이 잠이 깨고 각성 상태를 유지할 수 있게 한다. 이와 반대로 대뇌피질이 깨어 있는 시간이 누적되면 낮에 활동하는 사이에 대사물질인 아데노신이 축적된다. 잠을 자기 위해 눈을 감으면 축적되어 있던 아데노신이 전측 시상하부를 자극하여 GABA를 분비한다. GABA는 망상활성계를 억제, 대뇌피질에 흥분성 신경전달물질이 전달되는 것을 차단하여 잠을 유도한다. 한마디로 뇌간의 망상활성계가 대뇌를 깨어 있게 하는 에너지 공급원이라고 한다면 시상하부는 뇌간의 망상활성계를 켰다 껐다 하는 스위치 역할을 한다는 것이다.

31. 인간은 어떻게 꿈을 꾸는가

고대 로마의 폭군 네로와 같이 "짐은 일찍이 꿈을 꾼 적이 없다"는 사람이 있는가 하면, "꿈을 꾸느라고 잠을 못 잔다"고 한탄하는 사람도 있다. 도대체 우리는 꿈을 얼마만큼이나 꾸고 있고, 또 왜 꾸는 것일까.

1953년 미국의 클라이트먼N. Kleitman을 중심으로 하는 수면 연구 그룹은 꿈의 정체를 파헤쳐볼 수 있는 실마리를 발견했다. 클라이트먼 등은 아기가 푹 잠들었을 때 눈꺼풀 아래에서 눈알이 이리저리 움직이는 현상에 주목했다. 어른에게서도 같은 현상이 관찰되었다. 그때의 뇌파를 관찰해보니 잠자고 있는 상태였음에도 불구하고 잠에서 깨어 있을 때와 같은 패턴을 보였다. 그리고 그럴 때에 흔들어 깨워서 이야기를 들어보면 꿈을 꾸고 있었다는 답이 돌아왔다. 1958년에는 클라이트먼의 제자 디멘트W. Dement가 고양이에게도 같은 현상이 일어나는 것을 발견하였고, 이것을 계기로 프랑스의 뇌생리학자 주베M. Jouvet는 여러 가지 동물을 사용하여 본격적인 실험을 전개했다. 그 과정에서 잠자는 동안에 찾아오는 특정 구간, 즉 꿈이 동반되는 수면 구간의 양태가 차차 해명되게 되었다.

이 특이한 구간의 잠은 역설수면paradoxical sleep,* REM수면(REM은 눈알의 급속한 운동, rapid eye movemant의 약자), 생물의 제3상태 등, 다양한 이름으로 불리고 있다. REM수면이 아닌 보통의 수면은 NREM수면(non-REM수면의 약자), 서파徐波수면 등의 이름으로 불린다. 나는 역설수면을 파라수면para-sleep이라고 부르고, 보통의 수면을 오소수면ortho-sleep이라고 부른다.

「그림 28」은 파라수면이 일어나는 방식의 실례이다. 잠들고 1시간 반 정도 지나서 제1회째 파라수면이 일어나 15~30분간 계속되고, 이어서 오소수면으로 넘어가 오소수면이 1시간 반 이어진 후에 제2회째의 파라수면이 일어나 다시 15~30분간 계속된다. 이런 식으로 거의 1시간 반 간격으로 15~30분간의 파라수면이 매일 밤 반복해서 일어난다. 아침 녘에 자연히 눈

---

* 이 구간에서는 뇌의 신경활동은 깨어 있을 때와 상당히 유사하지만 몸은 이완상태여서 불수가 된다는 점에서 이런 이름이 붙었다.

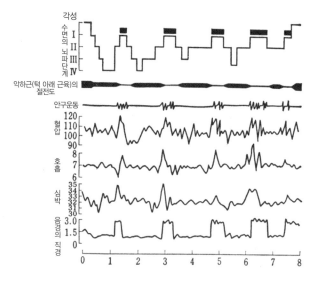

그림 28. 사람이 파라수면일 때의 신체 상태

이 뜨이는 것은 파라수면일 때이며, 또한 이렇게 파라수면 중에 잠에서 깨면 졸리지 않고 기분이 상쾌하다고 느낀다.

파라수면은 사람에 따라 일어나는 방식에 다소의 차이를 보이지만, 수면시간의 20%에 해당되며, 따라서 매일 밤 1시간 반에서 2시간 정도가 파라수면을 하는 시간이다. 그런데 갓 태어난 아기는 「그림 29」에 나타난 것처럼 전체 수면 시간의 50%가 파라수면이며, 5살 무렵이 되면 어른과 같은 정도로 줄어든다. 뇌의 성숙과 관계된 현상으로 판단된다. 여하튼 꿈 많

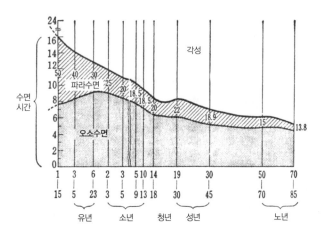

그림 29. 나이에 따른 오소수면과 파라수면의 시간의 차이
(H. P. Roffwarg 외)

은 인생이다.

파라수면은 눈알의 운동이나 잠에서 깰 때의 뇌파 외에도 「그림 28」에 나타나듯이 여러 가지 특징을 갖는다. 눈알만이 아니라 손가락이나 얼굴 근육이 실룩거리고 몸 전체가 크게 움직이는 경우도 있다. 하지만 자세를 유지하기 위해 작용하는 근육의 긴장은 없다. 이를 가는 것은 파라수면하고는 관계가 없지만, 코를 고는 것은 관계가 있다. 일반적으로 파라수면을 할 때면 코골이가 멈춰진다. 잠꼬대는 파라수면하고는 직접적으로 관계는 없지만, 단 파라수면일 때 내는 잠꼬대 목소리

의 성조聲調는 정동적이라고 한다.

더욱 특징적인 것은 파라수면 중에는 자율신경계의 지배 아래에 있는 내장의 작용이 흐트러지기 시작한다는 것이다. 호흡운동이나 심박의 리듬이 흐트러지고 혈압이 높아지는 등, 상당한 변화가 있다. 오줌 분비는 감소하고 발한 상황도 변화한다. 동공도 커지거나 작아지거나 하므로, '꿈꾸는 눈동자'라는 말도 꼭 거짓말은 아닌 듯하다. 흥미로운 것은 꿈의 내용과는 관계없이 파라수면에 들어가면 음경이 발기된다. 즉 모닝 이렉션morning erection은 파라수면이 일으키는 현상이라는 것이다. 나아가 임신한 여성이 파라수면 상태가 되면 태동이 활발해진다.

파라수면의 약 90%에 꿈이 동반된다고 한다. 꿈의 내용은 비현실적, 비논리적, 비윤리적인 것이지만, 어떤 내용이더라도 자신이 예전에 체험했거나 생각했거나 한 것들이다. "꿈을 꿔도 모습은 전혀 없고, 내 꿈은 완전히 목소리뿐이다"라고 거문고의 명수였던 고 미야기 미치오 씨가 수필에 썼다. 또, 태어났을 때부터 귀가 들리지 않는 사람은 꿈에서도 소리가 들리지 않는다. 인간은 시각동물인 탓인지, 꿈에서 봤다든가 꿈에서 보자는 말을 많이 하는데, 꿈에는 그런 시각적 영상 말고도 소리나 맛이나 냄새도 꽤 자주 나온다. 색깔이 보이는 꿈은 화가나 디자이너가 많이 꾸는데, 보통 사람도 20% 정도는 색깔이 있는 꿈을 꾼다. 성과 관련된 꿈은 '억압된 소망'의 배출구라고 프로이트S. Freud는 생각했는데, 반드시 그렇지만은 않은 것 같다.*

눈알의 움직임이 꿈의 내용과 관계가 있을 때가 있다고 한다. 눈알이 좌우로 26회 규칙 바르게 움직이기에 깨워서 물어보니, "두 친구가 탁구를 하고 있었고, 탁구대 옆에서 공의 움직임을 보고 있었다"고 대답했다는 보고가 있으며, 눈알이 위쪽으로 5회 움직였을 때의 꿈은 "오래된 집 뒤의 계단을 오르고 있었는데, 한 계단씩 올라가서는 위를 봤다. 계단의 수는 5~6계단이었던 것 같다"고 하는 보고도 있다. 농담 같지만 진실된 보고이다.

이와 같은 특이한 현상이 일어나는 메커니즘에 대해 임상의학에서 매우 큰 관심을 기울이고 있다. 파라수면 때 협심증 발작이나 뇌·폐·위의 출혈이 종종 일어난다는 사실이나, 실체를 정확히 몰랐던 나르콜렙시Narcolepsy라는 정신병의 수면 발

---

* 신경정신분석학neuro psychoanalysis이라는 새로운 영역을 제시한 영국의 신경과학자 마크 솜즈Mark Solms는 욕구나 목표 추구와 연관된 부위에 손상을 입은 환자는 꿈을 꾸는 것이 불가능하다는 사실을 발견하고, 그것이 프로이트가 말한 것처럼 꿈과 소원·욕망이 관계가 있다는 것을 시사할지 모른다고 말했다. 프로이트의 꿈 이론은 최근 뇌과학의 쟁점으로 다시 부상하고 있다.

작도 파라수면이라는 사실이 밝혀졌다. 조수나 달의 간만과 관계가 있는 것으로 여겨졌던 사망이나 출산의 시각도, 어쩌면 파라수면과 관련시켜서 설명할 수 있을지 모르겠다.

도대체, 파라수면은 왜 일어나는 것일까. 인간이나 동물에게 자는 동안 파라수면을 못하게 하면,* 끊임없이 잠에서 깨려 하게 되고, 그것이 지속되면 동물의 경우 식욕이나 성욕이 고조되고 쉽게 화를 내게 되며, 인간의 경우 신경질적이 되고 불안해하거나 기억이나 주의 집중력이 나빠지거나 식욕이 고조된다고 한다. 또, 환각을 일으키기 쉽다고도 한다.

이와 같은 실험 결과를 보면, 파라수면은 건강하게 살기 위해서는 반드시 필요한 것으로 보인다. 파라수면 때 꿈을 꾸는 이유에 대해서는 의견이 제각각이다. 소망의 달성, 낮 동안의 행위에 대한 리허설, 위험 방지를 위한 주지적 각성, 오소수면 중 신경세포의 흐트러짐을 교정하는 과정, 낮에 체험한 것을 기명記銘하는 과정, 낮에 받아들인 불필요한 정보를 기각棄却하는 과정……

그것은 그렇다 치고, 파라수면 중에 뇌·신경계는 어떤 상태

---

* 단몽실험斷夢實驗. 뇌파와 안구의 움직임으로 실험자가 꿈을 꾸고 있는지 아닌지를 알아내고, 꿈을 꾸기 시작하면 바로 깨워서 꿈을 꾸지 못하게 하는 실험.

에 있는 것일까. 지금까지의 많은 연구 결과를 종합해보면, 파라수면은 뇌간에서 중뇌와 간뇌의 작용이 약화되고, 그 때문에 뇌교(腦橋, pons) 아랫부분의 작용과 간뇌 위의 대뇌반구의 작동이 해방된 상태라고 여겨진다.[*] 어느 쪽이나 통제에 의한 조정을 상실한 이상異常 상태이다. 뇌교보다 하위의 신경계에 갖춰져 있는 원시적인 운동이 출현하는 것이나 내장기관의 작용이 흐트러지는 것도 당연히 있을 수 있는 일이며, 대뇌반구의 작동이 자유로워진 만큼 기억된 것이 맥락 없이 무질서하게 상기되는 것도 당연히 있을 수 있는 일이다. 파라수면은, 통제기능을 하는 신경계에 주기적으로 휴식을 주는 시기이며, 그 사이에 우리는 원시적으로 사는 모습(생물의 제3상태)으로 돌아가는 것이라고도 할 수 있다.

오소수면의 리듬은 시상하부에서 관장하는 데 비해서, 파라수면의 리듬은 뇌교에서 만들어진다는 것은 밝혀진 사실이다. 그러나 이 리듬이 어떤 요인에 의해 구동되고 있는가에 대해서는, 오소수면과 마찬가지로, 아드레날린작동성물질이나 콜린작동성물질이나 대사산물(저급지방산) 등의 이름이 나오고 있지만 아직 의견이 일치하고 있지 않다.

---

[*] 56쪽의 「그림 8」 참조.

수면이 신경계에 휴식을 주는 것이라면, 오소수면과 마찬가지로 규칙 바른 파라수면을 취했으면 한다. 내일을 향한 정신적·육체적 건강을 위해서.

32 . 인간은 왜 비합리적인가

인간이란 참으로 걸작품이 아닌가!

이성은 얼마나 고귀하고

능력은 얼마나 무한하며

생김새와 움직임은 얼마나 깔끔하고 놀라우며

행동은 얼마나 천사 같고

이해력은 얼마나 신 같은가!

이 지상의 아름다움이요 동물들의 귀감이지

—『햄릿』제2막 중에서

셰익스피어가 햄릿에게 이야기하게 한, '동물들의 귀감'이자 참으로 걸작품인 인간—우리 인간은 과연 그러한가.

지체 없이 "천만에!"라고 하는 소리가 들린다. 그것은 우리 인간을 '호모 스툴투스(어리석은 인간)'라고 단정한 샤를 리세이다. 개는 자기 새끼가 디스템퍼(강아지홍역)에 걸린 다른 개 곁에 다가가는 것을 말리지 않는다. 그것은 개가 디스템퍼가 전염병이라는 것을 몰라서 그런 것이지, 어리석어서 그런 것은 아니다. 그런데 우리 인간은 총을 가지고 싸우면 반드시 상처입고, 원자폭탄을 떨어뜨리면 산천초목이 초토화된다는 것을 잘 알면서도 전쟁을 멈추려 들지 않는다. 그러므로 인간은 개만도 못한, 어리석은 멍청이라고 리세는 단정했던 것이다.

이 지구상의 척추동물 중에서 같은 종족 간의 다툼으로 서로를 죽고 죽이는 것은 우리 인간뿐이란 것은 이미 서술했다. 그런데 그것은 뇌가 우리로 하여금 집단과 개인의 대립 속에서 살아가게 하는 데에 그 원인이 있다.

대뇌변연계의 가장 기본적인 본능인 집단욕은 고독을 싫어하고 상대가 누구냐에 관계없이 무턱대고 상대를 추구하여 하나가 되어 생활하게끔 우리를 이끌어 간다. 인간이 서로 으르렁거리며 싸우면서도 온갖 어려움을 물리치고 집단으로의 응집을 도모하는 것은 그 때문이다.

그런데 인간으로 하여금 거대한 문명을 만들 수 있게 한 뇌 안의 훌륭한 전두 연합 영역은, 아이러니하게도, 우리를 한없는 경쟁의식으로 내몰고, 타자를 부정하고 상대를 말살하고자 하는 '살인자'의 피를 우리의 혈관 속에 소용돌이치게 한다.

서로 '강인하게' 살아가기 위해서 집단생활을 영위하면서도, 그 속에서 '더 잘' 살아가기 위해 서로가 자기 자신을 주장하고 타자를 부정하려고 한다. 인간의 숙명인 집단과 개체의 대립이다. 그리고 또 우리 인간은 개인, 자기 자신에 철저할수록 고독해지기 때문에 고독을 치유하기 위해 개성을 가진 상대를 찾으려 든다. '더 잘' 살아가기 위해 개체를 부정하는 전두 연합 영역이 또다시 개체를 추구한다고 하는 개체와 개체의 대결이 펼쳐진다. 그런 한편으로 우리 인간은 또한 '무한의 생'에 대한 희구와, '유한의 생'에 대한 체념의 갈등 속에서 마음의 평온을 모색해야 한다.

이와 같이 우리 인간은 모순에 찬, 이치로 결론지을 수 없는 정신에 의해, 어쩔 수 없이 상호 대립하고 대결하는 더없이 비합리적인 존재자이며 이것이 우리의 '인간인 모습'이다. 그리고 우리가 인간이 되려고 하면 할수록, 존재자로서의 비합리성은 더욱더 강화되어간다.

소프트웨어인 전두 연합 영역이 발달하지 않은 동물은 주어진 환경에 맞추어 나름대로 합리적 양식에 따라 행동하며, 소프트웨어를 장착하지 않은 전자계산기 또한 주어진 프로그램에 의해 합리적으로 정보를 처리한다.

그런데 우리 인간은 어떤가. 상호 간의 대립이 극에 달하여 이제는 아예 공멸의 위기에 처해 있으며, 그래서 지금 인류는 어떻게 하면 멸망을 피할 수 있는지 그 방법을 찾느라 분주하다. 그러나 이와 같은 위기는 지금 시작된 것이 아니다. 1만 5천 년 전 옛날, 훌륭한 전두 연합 영역을 부여받은 현대인이 출현한 그 순간부터 위기는 시작된 것이다.

우리는 핵폭탄에 대해 더없이 큰 불안과 공포를 느끼지만, 실은 그것을 만들어낸 전두 연합 영역 그 자체가 수백 메가톤의 수소폭탄 이상의 파괴력을 갖고 있다는 것을 알아야 한다.

보육, 교육의 궁극의 목적은 인간 형성이다. 그러나 올바른 판단력과 창조성, 풍부한 정조와 강한 의지력을 육성하고자 하는 교육은, 지금대로라면 동시에 또한 아이에게 죽임의 마음을 심어주고 그 싹을 키우는 과정이기도 하다. 전두 연합 영역에서 영위되는 정신을 그저 육성하기만 해서, 결국 비합리적 존재자로서의 인간을 만들게 될 뿐이다. 그런 교육은 보육기술자, 교육기술자에 의한 교육이며, 아마도 가까운 장래에는 티칭 머신이 그 기술자들을 대체하게 될 것이다. 그러나 인간의 교육을 티칭 머신에게 맡긴 채 내버려둬서는 안 된다. 만약 그렇게 한다면, 눈 깜짝할 사이에 이 지구상에서 인류는 소멸할 것이다(실제로 만약 그렇게 해왔다면 인류는 벌써 옛날에 절멸했을 것이다).

그러나 우리 인간은 다소의 희생은 있었지만 지금까지 견뎌왔을 뿐 아니라 이렇게까지 번영했다. 우리 선조가 현명한 인류의 지혜를 작동하여 우리 인간을 비합리적 존재자로 만들고 있는 전두 연합 영역이 폭발되지 않도록 관리해온 덕이다.

현세대의 우리 또한 인간으로서의 특성을 고양하면 할수록 폭발력 또한 강화되는 전두 연합 영역을 어떻게 다루어야 할지 고민해야 한다. 거기서 중요한 것은 개인이나 혹은 집단으로서나 '인간인 모습'이 아니라 '인간이어야 할 모습'이 무엇인지 진지하게 생각하여, 그 모습을 개인과 집단의 인간 행위에 구현하기 위해 노력하는 것이다. 아이를 키우는 부모나 아이를 가르치는 교사라면, 단순한 보육과 교육의 기술자를 넘어서 진정한, 성직과도 같은 보모나 교사로서의 중차대한 사명을 자각하는 육아관과 교육관을 갖추어야 할 것이다.

조직 속에서 한 명 한 명은 삶의 보람을 추구한다. '조직 속의 삶의 보람'이라 할 때, 조직은 곧 집단이고 삶의 보람은 곧 개인의 삶의 보람인데, 이 말은 집단 속에서 어떻게 개체를 살릴까 하는, 집단과 개체의 대립에 대한 과제를 제기한다. 사회인으로서의 우리는 이러한 문제에 현명하게 대처할 수 있는 새로운 인생관을 확립해야 할 것이다.

개체와 집단의 대립은 기업체와 하나의 국가만의 문제가 아니다. UN을 축으로 하여 인터내셔널 정신이 고양되는 반면, 내셔널리즘의 분위기 또한 강고하다. 여기에도 세계인으로서 진지하게 맞붙어야 할 집단과 개체의 대립이 있다. 이런 문제에 대처하는 올바른 세계관 역시 필요하다.

우리는 이렇게 새롭게 요구되는 육아관, 교육관, 인생관, 세계관을 추구해가는 과정에서 비합리적인 존재인 '인간인 모습'을 놓치지 않고, 그 기반 위에 서서 '인간이어야 하는 모습'을 모색해가야 한다. 거기서 공유해가는 '인류의 예지'만이 인류를 멸망의 위기로부터 구해줄 것이라고 나는 믿는다.

33. 인간은 살고자 하는 생명에 둘러싸인,
살고자 하는 생명이다

To be or not to be. 이것은 양자택일의 결단에 내던져진 마음의 갈등을 단적으로 표현한 햄릿의 유명한 독백이다. 보통은 "삶이냐 죽음이냐"라든가 "사느냐 죽느냐" 등으로 번역된다. "인간이란 참으로 걸작품이 아닌가!"라고 외친 햄릿을 조종하는 뇌가, 아이러니하게도 이러한 독백과 함께 결투 상대인 레어티스의 생명과 자신의 생명까지 끊게 했다.

햄릿과 같이 자기 자신의 죽음을 각오하고서 다투는 이도 있고, 어린 생명들을 소홀히 생각하는 이도 있고, 교통사고나 산업재해, 자연재해 등으로 뜻하지 않은 죽음을 맞이하는 이도 있다. 이런 것을 보면 '생명의 존중'이라는 말은 공허하게만 느껴진다. 하지만 그럴수록 인간 생명의 존귀함에 대해 더 진지하게 생각해보아야 하지 않을까 싶다. 이번 장에서는 그 문제를 생각해보고자 한다.

우리 인간은 좋고 싫고를 떠나서 집단과 개체의 대립, 개체와 개체의 대결 속에서 살아가야 하는 숙명을 안고 있다. 서로가 개체에 철저하면 집단은 분열할 것이고, 제멋대로 개체를 주장하면 집단은 혼란스러워질 것이며, 결국은 집단의 붕괴, 인류의 멸망으로 이어질 것이다.

그래서 집단을 붕괴로부터 지키고 인류를 멸망으로부터 구하기 위해서 우리 인간은 지혜를 짜내어 노력해야 한다. 지금까지 다소의 희생은 있었지만, 우리의 선조는 현명하게도 '인류의 지혜'를 구사하여 이 위기를 극복하고 지금과 같은 번영을 이루어왔다. 하지만 앞으로도 인류 멸망의 불안은 한층 고조되고, 우리 인간은 점점 더 모순된 비합리적 존재로서 살아가게 될 것이다. 그러므로 우리는 우리의 선조가 피나는 시행착오를 통해 획득한 그 '인류의 지혜'를 정신의 양식으로 삼아 우리가 마주할 시련에 대처하는 데 게을러서는 안 된다. 역사를 읽는 까닭은 여기에 있을 것이다.

역사는 우리에게 가르쳐준다. 집단의 질서를 유지하기 위해서 룰을 만들고 다 함께 그것을 지키라고. 이것이 미개사회에도 엄격한 규범이 있으며 문명사회에 법률이 존재하는 이유이다.

이때, 집단의 룰을 지키는 것은 상대가 있고서야 가능한 것이므로, 상대가 마음에 들은 싫든 상관없이 상대의 존재를 인정하는 데서 시작해야 한다. 그리고 그것이 룰의 본질일 것이다. 그런데 전두 연합 영역은 상대, 즉 타자를 부정하려고 한다. 그 전두 연합 영역을 어떻게 타이르면 타자를 인정하는 룰을 받아들이게 할 수 있을까.

나는 인간의 뇌의 구조 속에서 그 설득의 근거를 찾을 수 있다고 믿고 있다.

생명의 자리인 뇌간·척수계가 그것이다. 뇌간·척수계는 인종의 차이, 민족의 차이, 말의 차이, 이데올로기의 차이, 풍습의 차이, 피부색의 차이 등, 정신적·육체적인 모든 차이를 초월하여 다만 묵묵히 인간의 생명을 유지해주는 생명의 자리이다. 뇌간·척수계는 피부색에도 물들어 있지 않고 이데올로기에도 물들어 있지 않다.

우리는 전두 연합 영역의 작용에 의해 자신의 생명에 한없는 집착을 갖는다. 그렇게 생명에 대한 집착의 마음이 있는 것이라면, 타인 속에 있되 전혀 개성을 주장하지 않으며 다만 나와 다를 바 없는 공통의 구조 위에서 생명을 지키고 있는 타인의 뇌간·척수계의 존재는 인정할 수 있지 않을까. 그리고 거기에서 영위되는 생명에 대해서만은 존중할 수 있지 않을까.

공허한 울림으로만 남기 쉬운 '생명의 존중'이라는 말―그 의미를 여기까지 파고들어가서 마음속 깊이 새기고 그런 생각으로 나날의 행동을 규제해가는 것, 그것이 인류가 스스로를 지킬 수 있는 룰의 핵심일 것이다.

이와 관련하여 생각나는 것은, 아프리카의 성자 알베르트 슈바이처Albert Schweitzer 박사가 말한 '생에 대한 외경'의 정신이다.

"우리는 살고자 하는 생명에 둘러싸인, 살고자 하는 생명이다."

다그 함마슐드Dag Hammarskjold* 의 일기에 적혀 있는 다음 말 또한 슈바이처 박사가 말한 정신과 상통한다.

"우리의 살고자 하는 의지는, 그 생명이 자신의 것인지 남의 것인지 개의치 않고 살아가고자 할 때 비로소 확고한 것이 된다."

---

* 스웨덴 정치가로 유엔사무총장(1953~1961)을 역임했다.

34. 인간은 어떻게 호모 사피엔스가 될 수 있을까

세상 사람들은 항상 자기의 앞을 본다. 하지만 나는 눈을 나의 내부로 돌린다. 거기 머물면서 시선을 돌리지 않는다. 각자는 자기 앞을 본다. 나는 나의 내부를 본다. 나는 단지 나만을 상대한다. 나는 끊임없이 나를 고찰하고 나를 검사하고 나를 음미한다.

프랑스의 철학자 몽테뉴M. E. Montaigne의 『수상록』에 나오는 한 구절이다.

1954년 가을부터 1년간, 당시 뇌생리학자의 메카라고들 하던 매군 선생의 연구실(미국 로스앤젤레스의 캘리포니아대학)에서 연구할 기회가 있었다. 나는 그때 선생을 보면서 몽테뉴의 저 엄격한 내성의 자세가 무엇인가를 알게 되었다. 그런 선생의 가르침 속에서 뇌의 구조에 대한 이해가 인간성에 대한

파블로프의 조건반사학	프로이트의 정신분석학	비교신경 해부학	매군의 구상	나의 설정
제2신호계	SUPER EGO		추상화·변별화· 신호화·교신작용	신피질계의 소프트웨어
조건반사	EGO		학습한 적응행동	신피질계의 하드웨어
무조건반사	ID		본능적·형식적 행동	대뇌변연계

표 7

성찰과 인류의 상호 이해를 심화하는 마음의 양식이 될 수 있다는 시사를 받았다. 선생님의 세련된 학문의 체계는 불후의 명저 『The Waking Brain』에서 완성을 이뤘다고 본다. 위의 「표 7」에 선생의 인간에 대한 심원한 성찰의 생각이 정리되어 있다. 즉, 선생은 우리 인간의 정신 활동과 그것에 조종되는 행동을 세 가지 단계로 구분하고, 그 각각에 파블로프의 조건반사학의 구상과 프로이트의 정신분석학의 사조를 대비시키고, 나아가 그것들을 낳는 실체로서 비교신경학에 의해 밝혀진 뇌의 구조를 대응시키고 있다.

실증에 기초하고 날카로운 통찰력에 의해서 구성된 매군 선생의 화려한 생물학적 인간상을 보면서, 매군 선생에 대한 나의 외경심은 점점 더 커져만 간다. 내가 마음에서 존경하는 또 한 사람이 있다. 근대 실험생리학의 개척자 중 한 명으로 명저 『실험의학 서설』을 남긴 프랑스의 생리학자 클로드 베르나르다.

실험실에 들어갈 때에는 외투를 벗듯이 상상의 옷을 벗어라. 실험실에서 나왔을 때에는 외투를 입음과 동시에 다시 상상의 옷을 입어라. 실험에 들어가기 전, 또는 실험과 실험 사이에는 상상의 옷으로 몸을 감싸는 것이 좋다.

나는 베르나르가 한 이 말을 좌우명으로 삼고 있다.

언젠가 나의 뇌생리학계의 존경하는 벗 주페 교수(프랑스 리옹대학)의 호의로, 리옹 교외의 포도밭 안에 있는 클로드 베르나르의 생가를 방문할 수 있었다. 거기에 전시되어 있는 실험기구와 수기를 눈앞에 보면서 감격했던 기억이 생생하다.

매군 선생의 업적을 본받아 나 나름의 뇌 연구를 기초로 하여 작으나마 인간성의 본질을 성찰해오던 나는, 현명해야 할 우리 인간이 보여주는 너무나도 도를 넘는 사심, 망상, 우행을 이론적으로 어떻게 설명해야 할지 몰라 방황했었다. 그런 나에게 용기를 북돋아준 것이 바로 클로드 베르나르가 한 말이었다.

나는 그의 말을 좌우명으로 삼아 인간 행위를 낳는 뇌의 구조에 대해 실증과 상상의 교차를 통하여 더욱 깊은 사색의 메스를 대보았다. 그 결과로 나는 인간의 생명과 삶을 분담하는 뇌간·척수계와 대뇌변연계와 신피질계, 세 가지의 통합계를 설정할 수 있었다. 그리고 그것에 기반하여 어째서 인간이 호모 사피엔스와 호모 스툴투스로서 서로 모순되는 행위를 하는지 나 나름으로 다음과 같이 설명할 수 있게 되었다.

인간은 뇌간·척수계에 의해 보장되는 '살아 있는' 모습을 기반으로 하여, 그 위에서 대뇌변연계의 본능과 정동의 마음에 의해 추동되는 '강인하게' 살아가는 모습과, 신피질계의 지·정·의의 정신에 의해 '유효적절하게', 그리고 '더 잘' 살아가는 모습을 구현한다. 이 세 가지 통합계를 매균 선생의 구상을 지탱하는 뇌의 구조와 연결한 것이 「표 7」의 내용이다.

그런데 우리 인간에게서 훌륭하게 분화 발달한 전두 연합 영역은 우리로 하여금 '더 잘' 살아가게 함과 동시에, 집단과 개체의 대립, 개체와 개체의 대결이라는 혹독한 시련 속에서 더없이 비합리적인 존재로서 살아가게 만드는 경향이 있다. 이 것이 내가 내린 이론적 결론이었다.

인간이기에 갖는 이 숙명적인 대립, 대결을 어떻게 처리할 것인가에 인류의 미래가 걸려 있다. 그것은 인간이 자인Sein, 즉 '인간인 모습'을 한 생물적 존재자로서가 아니라, 졸렌Sollen,

즉 '인간이어야 할 모습'을 한 가치적 존재자로서 살 수 있을 때 그 미래가 보장된다는 것을 의미한다. 불교 유식론唯識論은 이와 관련하여 우리에게 시사하는 바가 있다.

心者謂心意識差別名也 問何等爲識 答識有八種 謂阿賴耶識眼耳鼻舌身意及意識

—『현양성교론顯揚聖敎論』권 1

대승불교의 중심 사상을 이루는 유식론은 우리 인간을 움직이는 마음心을 기능적으로 여덟 가지로 구분하고 그것을 8식識이라고 했다.

즉, 안식, 이식, 비식, 설식, 신식, 의식의 제6식과 제7식인 의意와 제8식인 아뢰야식阿賴耶識이다. 여기서 제7식인 의는 현양성교론顯揚聖敎論*의 기초가 되고 있는 유가사지론瑜伽師地論에서 설파하는 말나식未那識에 대응하는 것이다. 앞의 6식은 현상적인 의식이며, 말나식과 아뢰야식은 근원적인 심층의식이다. 그중 말나식은 자아에 집착하는 무의식이고 아뢰야식은 아집을 탈각한 우주적 의식으로서 모든 마음의 근원을 이루는

---

* 인도의 무착스님이 4세기에 저술한 책으로 유식학파의 10대 논서 가운데 하나로 평가받고 있다.

것이라고 한다. 이것을 뇌의 구조에서 대응시키자면, 6식은 신피질의 하드웨어이고, 말나식은 소프트웨어라고 할 수 있을 것이다.

우리 인간이 리세가 단정한 호모 스툴투스의 오명을 씻고 호모 사피엔스로서 살아갈 수 있기 위해서는, 다시 말하여 우리 인간이 생물적 존재자로서의 비합리성에 의해 스스로 파멸을 향해 가지 않기 위해서는, 유식론에서 말하는바, 인간이 타고난 소프트웨어인 말나식을 넘어서서 그 이상으로 나아가기 위해 비상한 노력을 해야 한다.

그러한 노력에서 바탕이 되는 것은 한 사람 한 사람의 인간을 원자화된 개체가 아니라, 조직 속에 존재하는 개체로서 파악하고 서로의 생명을 존중하는 태도를 갖는 데 있을 것이다. 즉 개개인이 자아에 집착하는 말나식을 넘어 우주적인 의식이자 생명의 원천인 아뢰나식에 침잠할 수 있어야 한다는 것이다. 인간은 그제야 비로소 현성現成*할 수 있는 것이 아닐까 싶다.

---

* 궁극적인 진리가 이 현실 안에 그대로 드러나 있다는 것을 의미하는 불교 용어.

후기

　이와나미신서에서 『뇌 이야기』를 내주신 것이 1962년입니다. 원래 의학부 학생을 대상으로 하여 쓴 것이었는데, 의외로 여러 분야의 분들이 읽어주셨고, 또 많은 분들이 내용을 인용해주셨습니다.

　그 때문인지, 5년쯤 전에 『뇌 이야기』의 응용편을 쓰라는 권유를 받았습니다. 그러고 싶은 마음이 조금은 있었기에 일단 하기로 했는데, 막상 펜을 손에 들자 전혀 진척이 없는 겁니다. 어디에 초점을 맞춰야 좋을지 몰라 헤매고 있는데, 편집부에서 '뇌과학으로 본 인간의 본질'이라는 멋진 제목을 주셨습니다.

　이것으로 일단 방향을 잡긴 했지만, 그 후 이것도 아니고 저 것도 아닌 악전고투의 4년. 겨우 이런 모습으로 책을 내놓게 되었습니다. 그동안 가나가와 현립 교육센터의 스즈키 시게노부鈴木重信 선생님과 신일본제철의 다케다 유타카武田豊 씨로부터는 각별한 교시와 격려를 받았습니다. 깊이 감사드립니다.

책의 구성에 조금이라도 새로운 맛을 내게 하려고 애썼습니다만 생각대로 되지 않았고, 게다가 책의 크기가 주는 제한 때문에, 일부 항목이나 그림을 빼야 했습니다.

책의 내용이 기대에 미치지 못하는 바가 많을 것입니다. 그런 점에 대해서는 기탄없는 비판을 부탁드립니다. 또 쪽수의 제약에 의해 I의 부분이 조금 빈약해졌습니다. 보충하는 의미에서 『뇌 이야기』를 같이 읽어주시기 바랍니다. 또, 최근 만든 도해서圖解書『눈으로 보는 뇌』도 참고가 되지 않을까 싶습니다.

『뇌 이야기』에서 크게 신세를 진 편집부의 다카쿠사 시게루高草茂 씨에게 연이어 4년간 폐를 끼쳤습니다. 특히 책의 구성이나 그림이나 컷을 넣는 일과 관련하여 크게 신세를 졌습니다.

또한, 속표지에 베살리우스의 삽화를 넣게 해주신 오가와 데이조小川鼎三 선생님의 호의에도 감사드립니다.

이 책이 인간이란 무엇인지 다시금 생각해보는 계기가 된다면 다행이겠습니다.

옮긴이 | 허명구

서울대학교 인류학과를 졸업하고 고려대학교 대학원에서 경제학을 공부했다. 월간지《사람과 일터》편집주간을 지냈고, 현재는 자유기고가로 활동 중이다.『이제야 알겠다, 수학!』『세상은 수학이다』『아빠가 가르쳐주는 알기 쉬운 과학』『물리가 강해지려면』『로지컬 커뮤니케이션 트레이닝/프라이버시 온더라인』등을 우리말로 옮겼다.

인간을 만든 뇌

초판 1쇄 발행 2019년 2월 20일

지은이 도키자네 도시히코
옮긴이 허명구

펴낸곳 서커스출판상회
주소 서울 마포구 월드컵북로 400 5층 24호(상암동, 문화콘텐츠센터)
전화번호 02-3153-1311
팩스 02-3153-2903
전자우편 rigolo@hanmail.net
출판등록 2015년 1월 2일(제2015-000002호)

ISBN 979-11-87295-25-9 03400

이 도서의 국립중앙도서관 출판예정도서목록(CIP)은 서지정보유통지원시스템 홈페이지(http://seoji.nl.go.kr)와 국가자료공동목록시스템(http://www.nl.go.kr/kolisnet)에서 이용하실 수 있습니다.(CIP제어번호: CIP2018037591)